河道涉水建筑物防洪影响评价研究与应用案例

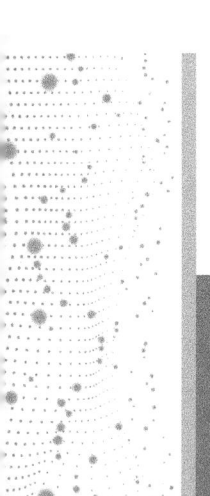

朱大栋 侯 苗 刘锦霞
刘小慢 徐 毅 蔡 军 ◎编著

河海大学出版社
HOHAI UNIVERSITY PRESS
·南京·

图书在版编目(CIP)数据

河道涉水建筑物防洪影响评价研究与应用案例 / 朱大栋等编著. -- 南京：河海大学出版社，2023.3
 ISBN 978-7-5630-8210-0

Ⅰ.①河… Ⅱ.①朱… Ⅲ.①河道—水工建筑物—防洪工程—评价 Ⅳ.①TV873

中国国家版本馆 CIP 数据核字(2023)第 050793 号

书　　名	河道涉水建筑物防洪影响评价研究与应用案例
书　　号	ISBN 978-7-5630-8210-0
责任编辑	彭志诚
文字编辑	杨　曦
特约校对	薛艳萍
装帧设计	槿容轩
出版发行	河海大学出版社
地　　址	南京市西康路 1 号(邮编:210098)
电　　话	(025)83737852(总编室)　(025)83722833(营销部) (025)83787769(编辑室)
经　　销	江苏省新华发行集团有限公司
排　　版	南京布克文化发展有限公司
印　　刷	广东虎彩云印刷有限公司
开　　本	718 毫米×1000 毫米　1/16
印　　张	14.25
字　　数	260 千字
版　　次	2023 年 3 月第 1 版
印　　次	2023 年 3 月第 1 次印刷
定　　价	88.00 元

前言

Preface

经过几十年的努力，我国流域内建设项目审查基本规范了洪水评价、建设申请、审查同意和施工许可制度。为进一步贯彻落实国家对水利工程防洪排涝建设的要求，本书以河道为研究对象，从既要满足经济发展需要，又要确保防洪排涝安全的要求出发，通过科学合理的技术手段破解涉水建筑物建设与河道防洪的矛盾，加强对河道涉水建筑物防洪影响评价技术的研究，推广河道涉水建筑物防洪影响评价技术的应用，是国家防洪排涝水利工程体系建设的必然要求，具有十分重要的现实意义。

本书由江苏省水利科学研究院、江苏省水利勘测设计研究院有限公司的朱大栋、侯苗、刘锦霞、刘小慢、徐毅、蔡军编著完成，目的是推动防洪评价技术的推广应用。全书分为10章，包括：防洪评价研究背景、码头桩基障洪的数学模型处理方法、临时码头工程防洪影响评价、船台舰桥工程防洪影响评价、避风港工程防洪影响评价、光伏发电项目基础桩的防洪安全分析、涉水项目防洪安全的监测技术——以桥墩冲刷为例、生态岛防洪影响评价、输电线塔的防洪影响评价、防洪评价中一些常见用图案例和附件。丰富的案例，使读者能更好地掌握防洪评价分析技术和分析内容。需要特别说明的是本书中的一些数据、机构名称及引用法规规范等是基于案例报告写作时的实际，可能与现行相关内容有出入，还望读者朋友见谅。

本书部分数据或成果取自案例相关的设计院、科研单位、管理单位等。江苏省水利科学研究院的王俊、赵刚、王茂枚等同志对本书的编写工作也给予了大力支持，在此一并表示感谢。

由于编者水平有限，书中难免有不当之处，敬请各位读者批评指正。

朱大栋
2022年12月

目录

Contents

1 防洪评价研究背景 ⋯⋯⋯⋯⋯⋯⋯⋯⋯⋯⋯⋯⋯⋯⋯⋯⋯⋯⋯⋯⋯⋯⋯⋯⋯ 1
  1.1 防洪评价的意义 ⋯⋯⋯⋯⋯⋯⋯⋯⋯⋯⋯⋯⋯⋯⋯⋯⋯⋯⋯⋯⋯⋯⋯ 3
  1.2 防洪评价的经济、社会效益 ⋯⋯⋯⋯⋯⋯⋯⋯⋯⋯⋯⋯⋯⋯⋯⋯⋯⋯ 4
    1.2.1 经济效益 ⋯⋯⋯⋯⋯⋯⋯⋯⋯⋯⋯⋯⋯⋯⋯⋯⋯⋯⋯⋯⋯⋯ 4
    1.2.2 社会效益 ⋯⋯⋯⋯⋯⋯⋯⋯⋯⋯⋯⋯⋯⋯⋯⋯⋯⋯⋯⋯⋯⋯ 5
  1.3 关键问题和难点 ⋯⋯⋯⋯⋯⋯⋯⋯⋯⋯⋯⋯⋯⋯⋯⋯⋯⋯⋯⋯⋯⋯ 5
  1.4 防洪评价技术审查的一般要求 ⋯⋯⋯⋯⋯⋯⋯⋯⋯⋯⋯⋯⋯⋯⋯⋯ 6

2 码头桩基障洪的数学模型处理方法 ⋯⋯⋯⋯⋯⋯⋯⋯⋯⋯⋯⋯⋯⋯⋯⋯ 7
  2.1 二维数学模型的方程及算法 ⋯⋯⋯⋯⋯⋯⋯⋯⋯⋯⋯⋯⋯⋯⋯⋯⋯ 9
    2.1.1 基本方程 ⋯⋯⋯⋯⋯⋯⋯⋯⋯⋯⋯⋯⋯⋯⋯⋯⋯⋯⋯⋯⋯⋯ 9
    2.1.2 定解条件 ⋯⋯⋯⋯⋯⋯⋯⋯⋯⋯⋯⋯⋯⋯⋯⋯⋯⋯⋯⋯⋯⋯ 9
    2.1.3 数值计算方法 ⋯⋯⋯⋯⋯⋯⋯⋯⋯⋯⋯⋯⋯⋯⋯⋯⋯⋯⋯⋯ 10
  2.2 数学模型的建立 ⋯⋯⋯⋯⋯⋯⋯⋯⋯⋯⋯⋯⋯⋯⋯⋯⋯⋯⋯⋯⋯⋯ 10
    2.2.1 码头阻水概化处理 ⋯⋯⋯⋯⋯⋯⋯⋯⋯⋯⋯⋯⋯⋯⋯⋯⋯⋯ 10
    2.2.2 计算范围确定及网格剖分 ⋯⋯⋯⋯⋯⋯⋯⋯⋯⋯⋯⋯⋯⋯ 10
    2.2.3 模型边界条件 ⋯⋯⋯⋯⋯⋯⋯⋯⋯⋯⋯⋯⋯⋯⋯⋯⋯⋯⋯ 11
    2.2.4 紊动黏性系数 ⋯⋯⋯⋯⋯⋯⋯⋯⋯⋯⋯⋯⋯⋯⋯⋯⋯⋯⋯ 11
    2.2.5 模型验证 ⋯⋯⋯⋯⋯⋯⋯⋯⋯⋯⋯⋯⋯⋯⋯⋯⋯⋯⋯⋯⋯ 12
    2.2.6 地形与水文资料 ⋯⋯⋯⋯⋯⋯⋯⋯⋯⋯⋯⋯⋯⋯⋯⋯⋯⋯ 12
    2.2.7 水面线验证 ⋯⋯⋯⋯⋯⋯⋯⋯⋯⋯⋯⋯⋯⋯⋯⋯⋯⋯⋯⋯ 12

  2.2.8 流速分布验证 ·· 14
  2.2.9 汊道分流比验证 ·· 17
  2.2.10 糙率的率定 ·· 18
 2.3 码头兴建对长江行洪影响研究 ······································· 18
  2.3.1 模型边界条件 ·· 19
  2.3.2 洪水位壅高 ·· 19
  2.3.3 近岸流速变化 ·· 20
  2.3.4 主流动力轴线变化 ·· 21
 2.4 主要结论 ··· 23

3 临时码头工程防洪影响评价 ··· 25
 3.1 概述 ··· 27
  3.1.1 项目背景 ·· 27
  3.1.2 评价依据 ·· 27
  3.1.3 技术路线及工作内容 ·· 29
 3.2 基本情况 ··· 30
  3.2.1 建设项目概况 ·· 30
  3.2.2 河道基本情况 ·· 33
  3.2.3 水文、泥沙特征 ·· 34
  3.2.4 河道防洪标准 ·· 38
 3.3 现有水利工程及其他设施情况 ······································· 38
  3.3.1 现有水利工程情况 ·· 38
  3.3.2 新河港闸立项及六十八窑闸废弃情况 ···························· 42
  3.3.3 其他设施情况 ·· 42
 3.4 水利规划及实施安排 ··· 43
  3.4.1 《长江流域综合规划（2012～2030年）》 ························· 43
  3.4.2 《长江流域防洪规划》 ·· 44
  3.4.3 《江苏省防洪规划》 ·· 45
  3.4.4 《长江口综合整治开发规划》 ·································· 45
  3.4.5 《长江岸线保护和开发利用总体规划》 ·························· 46
  3.4.6 《江苏省长江堤防防洪能力提升工程建设前期工作技术指

　　　　导意见》 ·· 46
　　3.4.7 《崇明岛域水利规划修编》 ··· 48
　　3.4.8 《崇明新河港北延伸段配套工程初步设计报告》 ········· 48
3.5 河道演变 ·· 49
　　3.5.1 历史演变概述 ··· 49
　　3.5.2 河道近期演变 ··· 50
3.6 防洪评价计算 ·· 52
　　3.6.1 平面二维水流数学模型 ··· 52
　　3.6.2 工程计算条件 ··· 52
　　3.6.3 工程行洪影响分析 ·· 53
3.7 防洪综合评价 ·· 54
　　3.7.1 拟建工程与有关规划的关系及影响分析 ···················· 54
　　3.7.2 拟建工程与现有防洪标准的适应性分析 ····················· 56
　　3.7.3 拟建工程对长江行洪安全的影响分析 ······················· 56
　　3.7.4 拟建工程对河势稳定的影响分析 ······························· 57
　　3.7.5 拟建工程对防洪工程的影响分析 ······························· 57
　　3.7.6 岸坡、堤坡抗滑稳定复核计算 ···································· 58
　　3.7.7 拟建工程对其他水利工程及设施的影响分析 ············ 59
　　3.7.8 拟建工程对第三人合法水事权益的影响分析 ············ 60
　　3.7.9 拟建工程对防汛抢险的影响分析 ······························· 60
　　3.7.10 拟建工程对水环境的影响分析 ································ 60
　　3.7.11 工程施工影响分析 ··· 61
3.8 防治与补救措施 ··· 62
3.9 结论及建议 ·· 62
　　3.9.1 结论 ··· 62
　　3.9.2 建议 ··· 64

4 船台舰桥工程防洪影响评价 ··· 65
　4.1 概述 ··· 67
　　　4.1.1 项目背景 ·· 67
　　　4.1.2 技术路线及工作内容 ·· 68

3

- 4.2 基本情况 ··· 69
  - 4.2.1 建设项目概况 ··· 69
  - 4.2.2 河道基本情况 ··· 70
  - 4.2.3 河道防洪标准 ··· 72
- 4.3 现有水利工程及其他设施情况 ·· 72
  - 4.3.1 堤防现状、防洪标准及堤身达标建设情况 ························ 72
  - 4.3.2 河道整治工程 ··· 73
  - 4.3.3 航道整治工程 ··· 74
  - 4.3.4 其他设施情况 ··· 75
- 4.4 水利规划及实施安排 ··· 75
- 4.5 河道演变 ··· 76
  - 4.5.1 历史演变概述 ··· 76
  - 4.5.2 河道近期演变 ··· 76
- 4.6 防洪评价计算与工程行洪影响 ·· 77
  - 4.6.1 平面二维水流数学模型 ··· 77
  - 4.6.2 工程行洪影响分析 ··· 77
- 4.7 防洪综合评价 ··· 78
  - 4.7.1 工程与有关规划的关系及影响分析 ································· 78
  - 4.7.2 工程与现有防洪标准的适应性分析 ································· 79
  - 4.7.3 工程对长江行洪安全的影响 ·· 80
  - 4.7.4 工程对河势稳定的影响 ·· 80
  - 4.7.5 工程对防洪工程的影响分析 ·· 81
  - 4.7.6 工程对其他水利工程及设施的影响分析 ·························· 81
  - 4.7.7 工程对第三人合法水事权益的影响分析 ·························· 81
  - 4.7.8 工程对防汛抢险的影响分析 ·· 82
  - 4.7.9 工程对水环境的影响分析 ··· 82
  - 4.7.10 工程影响防治措施 ··· 82
- 4.8 结论及建议 ··· 83
  - 4.8.1 结论 ··· 83
  - 4.8.2 建议 ··· 84

5 避风港工程防洪影响评价 ·· 85

5.1 概述 ·· 87
5.2 技术路线及工作内容 ·· 87
5.2.1 技术路线 ·· 87
5.2.2 工作内容 ·· 87
5.3 基本情况 ·· 88
5.3.1 区域概况 ·· 88
5.3.2 水文气象 ·· 88
5.3.3 地形地貌 ·· 90
5.3.4 河流水系 ·· 90
5.3.5 社会经济 ·· 91
5.3.6 太湖湾旅游度假区 ··· 92
5.4 太湖岸线概况 ·· 92
5.4.1 岸线基本情况 ··· 92
5.4.2 环湖大堤现状 ··· 93
5.4.3 岸线太湖侧现状 ·· 94
5.4.4 岸线背水侧现状 ·· 96
5.5 涉水建设项目概况 ··· 97
5.5.1 基本情况的介绍 ·· 97
5.5.2 周边水系及水利工程 ······································ 100
5.5.3 项目建设的目的 ·· 101
5.5.4 项目建设必要性 ·· 101
5.5.5 项目建设的内容 ·· 102
5.5.6 项目的施工方案 ·· 103
5.6 水利工程规划及实施安排 ······································ 104
5.6.1 《太湖流域水环境综合治理总体方案》 ··············· 104
5.6.2 《江苏省太湖水污染治理工作方案》 ·················· 104
5.6.3 《太湖流域防洪规划》 ··································· 105
5.6.4 《太湖流域重要河湖岸线利用管理规划》 ············ 105
5.6.5 《江苏省省管湖泊保护规划》和《江苏省太湖保护规划》
·· 106

5.7 湖泊演变 ………………………………………………………… 106
　　5.7.1 湖泊形成过程 ……………………………………………… 106
　　5.7.2 湖泊演变分析 ……………………………………………… 107
5.8 防洪评价计算 …………………………………………………… 108
　　5.8.1 工程对湖泊水面积及库容的影响计算 …………………… 108
　　5.8.2 工程对环湖大堤安全的影响分析 ………………………… 108
　　5.8.3 码头、瞭望塔栈桥设计高程复核计算分析 ……………… 111
　　5.8.4 避风港港池泥沙回淤计算分析 …………………………… 112
　　5.8.5 施工围堰顶高程复核计算及度汛措施 …………………… 113
5.9 防洪综合评价 …………………………………………………… 114
　　5.9.1 项目建设与相关水利法规和规定的适应性分析 ………… 114
　　5.9.2 项目建设与相关水利规划的适应性分析 ………………… 115
　　5.9.3 建设项目与相关防洪标准的适应性分析 ………………… 118
　　5.9.4 项目建设对湖区防洪能力及湖泊演变趋势影响 ………… 118
　　5.9.5 项目建设对湖泊水环境的影响分析 ……………………… 118
　　5.9.6 项目建设对相关水利工程的影响分析 …………………… 119
　　5.9.7 港区泥沙回淤对项目建设的影响分析 …………………… 119
　　5.9.8 对第三人合法水事权益的影响分析 ……………………… 119
5.10 防治与补救措施 ………………………………………………… 119
5.11 结论和建议 ……………………………………………………… 120
　　5.11.1 主要结论 …………………………………………………… 120
　　5.11.2 主要建议 …………………………………………………… 122

6 光伏发电项目基础桩的防洪安全分析 ……………………………… 123
6.1 工程基本情况 …………………………………………………… 125
　　6.1.1 工程概况 …………………………………………………… 125
　　6.1.2 项目涉水影响 ……………………………………………… 125
　　6.1.3 项目区湖泊概况 …………………………………………… 126
　　6.1.4 项目区水文特征 …………………………………………… 126
6.2 电站的防洪安全分析 …………………………………………… 127
　　6.2.1 基础桩的局部壅水概化计算 ……………………………… 127

		6.2.2	防洪库容影响分析	128
		6.2.3	工程与行水通道影响分析	128
		6.2.4	湖泊滞洪、行水对工程的影响	128

7 涉水项目防洪安全的监测技术——以桥墩冲刷为例 … 131
7.1 桥墩冲刷的基本原理 … 133
7.2 桥墩冲刷的一般危害 … 133
7.3 江苏段桥墩冲刷现状 … 134
7.4 桥墩冲刷的分析方法 … 135
7.4.1 经验公式 … 135
7.4.2 物理模型试验 … 135
7.4.3 数学模型分析 … 136
7.5 桥墩冲刷的在线测量 … 136
7.6 多波束和侧扫声呐人工观测技术 … 139
7.6.1 R2Sonic 2024 多波束测深仪应用 … 140
7.6.2 3DSS-iDX 三维侧扫声呐应用 … 140

8 生态岛防洪影响评价 … 143
8.1 概述 … 145
8.1.1 项目背景 … 145
8.1.2 技术路线及工作内容 … 145
8.2 基本情况 … 146
8.2.1 地理位置 … 146
8.2.2 周边水系 … 146
8.2.3 地形地貌 … 148
8.2.4 气象气候特征 … 149
8.2.5 水文特征 … 149
8.2.6 社会经济 … 149
8.3 相关规划及方案 … 150
8.3.1 《江苏省滆湖保护规划》 … 150
8.3.2 《太湖流域防洪规划》 … 153

         8.3.3 《滆湖(武进)退田(渔)还湖规划》 ……………………… 153
         8.3.4 《新孟河单项工程规划报告》 ………………………… 154
         8.3.5 《太湖流域水环境综合治理总体方案》 ……………… 154
         8.3.6 《常州市滆湖水环境整治规划》 ……………………… 154
         8.3.7 《常州市城市总体规划》 ………………………………… 155
         8.3.8 《武进区发展战略(总体)规划》 ……………………… 155
         8.3.9 《武进水环境治理及保护规划》 ……………………… 155
   8.4 滆湖退田还湖一期工程实施情况 ……………………………… 156
   8.5 湖泊演变 ……………………………………………………………… 156
         8.5.1 湖泊形成过程 ………………………………………………… 156
         8.5.2 近期演变分析 ………………………………………………… 158
         8.5.3 演变趋势分析 ………………………………………………… 159
   8.6 防洪评价计算 ……………………………………………………… 159
         8.6.1 工程对湖泊水域面积的影响计算 ……………………… 159
         8.6.2 工程对湖泊库容的影响计算 …………………………… 160
         8.6.3 工程对滆湖及周边地区的防洪影响计算 …………… 160
   8.7 防洪综合评价 ……………………………………………………… 160
         8.7.1 项目建设与有关规划及方案的适应性分析 ………… 160
         8.7.2 对蓄洪的影响分析 ………………………………………… 161
         8.7.3 对行水通道的影响分析 …………………………………… 161
         8.7.4 对滆湖湖流的影响分析 …………………………………… 162
         8.7.5 项目建设对湖泊环境及水功能区的影响 …………… 162
         8.7.6 项目建设对第三人合法水事权益的影响分析 ……… 164
   8.8 防治与补救措施 …………………………………………………… 164
   8.9 结论与建议 ………………………………………………………… 165
         8.9.1 结论 …………………………………………………………… 165
         8.9.2 建议 …………………………………………………………… 166

9 输电线塔的防洪影响评价 …………………………………………… 167
   9.1 概述 …………………………………………………………………… 169
         9.1.1 项目背景 …………………………………………………… 169

	9.1.2 评价依据	171
	9.1.3 批复及相关文件	172
	9.1.4 技术路线及工作内容	173
	9.1.5 基准换算关系	173
9.2	建设项目概况	174
	9.2.1 建设项目的名称、地点和建设目的	174
	9.2.2 工程建设规模和设计防洪标准	176
	9.2.3 有关电力法规及规范要求	177
	9.2.4 线路设计方案	177
	9.2.5 工程施工方案	181
9.3	河道基本情况	184
	9.3.1 河道概况	184
	9.3.2 河道边界条件	185
	9.3.3 地质情况	185
	9.3.4 现有防洪标准、设计流量	186
9.4	现有水利工程及其他设施情况	186
9.5	水利规划及实施安排	188
	9.5.1 水利规划	188
	9.5.2 规划实施情况	190
	9.5.3 规划实施引起防洪形势及标准变化情况	190
9.6	河道演变	190
	9.6.1 河道历史演变	190
	9.6.2 河道近期演变分析	192
	9.6.3 河道演变趋势分析	192
9.7	防洪评价计算	192
	9.7.1 设计防洪流量和水位	193
	9.7.2 壅水分析计算	193
	9.7.3 冲刷计算	194
	9.7.4 堤防稳定计算	195
9.8	防洪综合评价	196
	9.8.1 建设项目与有关规划的关系及影响分析	196

  9.8.2 建设项目与防洪标准、有关技术规定和管理要求的适应性分析 …… 196

  9.8.3 项目建设对河道泄洪的影响分析 …… 197

  9.8.4 项目建设对河势稳定的影响分析 …… 197

  9.8.5 项目建设对堤防、护岸和其他水利工程及设施的影响分析 …… 197

  9.8.6 项目建设对防汛抢险的影响分析 …… 198

  9.8.7 建设项目防御洪涝的设防标准与措施是否适当 …… 198

  9.8.8 项目建设对第三人合法水事权益的影响分析 …… 198

  9.8.9 建设项目施工影响分析 …… 199

 9.9 防治及补救措施 …… 200

 9.10 结论与建议 …… 201

  9.10.1 结论 …… 201

  9.10.2 建议 …… 202

10 防洪评价中一些常见用图案例和附件 …… 203

 10.1 项目地理位置图 …… 205

 10.2 项目区水下地形图、周边水利工程分布图和地质剖面图 …… 207

 10.3 项目区周边水系分布图和河势演变图 …… 208

 10.4 项目设计相关平面和立面图 …… 210

 10.5 防洪评价专家评审意见 …… 211

1

防洪评价
研究背景

1.1 防洪评价的意义

中华人民共和国成立以来，党和国家始终高度重视水利工作，兴建了大批水利工程设施，构筑了具有防洪、排涝、灌溉、供水、发电综合效益的水利工程体系，取得了令人瞩目的巨大成就，为保障人民生命财产和国家财产的安全，促进社会主义经济建设作出了突出贡献。但是相对于公路、铁路等交通基础设施的快速发展，我国水利设施建设已经落后，产生了经济快速发展与水灾频发不相和谐的矛盾。为了应对我国面临的日益严重的水安全、水资源和水环境瓶颈问题，深入研究水利建设发展趋势，探索水利建设发展方向、重点领域及关键技术，党和国家从宏观、全局、战略、前瞻性的高度，对我国水利建设进行了总体设计和统筹安排，吹响了全面加快水利建设的新号角，规划要求：加快、加强水利基础设施建设，推进大江大河支流、湖泊和中小河流治理，增强城乡防洪能力，从而为经济社会的快速发展提供保障。

河道是行洪排涝的主通道，我国流域面积大于 100 km^2 的河流总共有 5 万多条，其他较小的河道以及人工渠道更是数不胜数，这些大大小小的河道承担着抵御洪涝灾害的重要作用，在我国防洪排涝体系中居于核心地位。但是随着日益增长的生产生活需要，河道中大量的涉水建筑物的修建，改变了其附近的水流泥沙运动，若工程设计或建设不合理，将产生汛期水位显著升高、流速显著增大等问题，对河势稳定、防汛抢险等带来很大的影响。国内外在河道涉水建筑物建设方面都采取了严格的管理措施。美国的《防洪法》于1917 年发布，《沿岸区域管理法》于 1972 年公布，对跨河等建筑物实施项目审批和管理进行了说明。日本于 1949 年发布了《防洪法》，对桥梁、码头、管道、取水口等跨河、穿河、拦河建筑物实施严格的项目审批及质量管理，防止其在洪水期影响防洪、抢险。我国在 20 世纪 90 年代初开始逐步规范河道涉水项目建设行为。1992 年，水利部、原国家计委联合颁发了《河道管理范围内建设项目管理的有关规定》，规范了河道建设项目管理。1997 年，又颁布《中华人民共和国防洪法》，规定建设跨河、穿河、穿堤、临河的桥梁、码头、道路、管道、缆线、取排水等工程设施，不得危害堤防安全、影响河势稳定、妨碍行洪畅通。2004 年，又颁布《河道管理范围内建设项目防洪评价报告编制导则（试行）》，规范了河道建设项目洪水影响评价报告的编制。

经过几十年的努力,我国流域内建设项目审查基本规范了洪水评价、建设申请、审查同意和施工许可制度。因此,为进一步贯彻落实国家对水利工程防洪排涝建设的要求,本书以河道为研究对象,从既要满足经济发展需要,又要确保防洪排涝安全的要求出发,通过科学合理的技术手段破解涉水建筑物建设与河道防洪的矛盾,加强对河道涉水建筑物防洪影响评价技术的研究,推广河道涉水建筑物防洪影响评价技术的应用,是国家防洪排涝水利工程体系建设的必然要求,具有十分重要的现实意义。

1.2　防洪评价的经济、社会效益

受地理气候条件的影响,加上水利基础设施仍显薄弱,水系调蓄能力不足以及人为活动带来的影响,我国长江、黄河、珠江、淮河、辽河、松花江、海河等七大流域都属于洪涝灾害易发的地区。2009 年发布的资料显示,我国主要江河防洪保护区总面积约 65.2 万 km^2,约占国土面积的 6.8%,区内人口、耕地面积、GDP 分别占全国总数的 39.7%、27.8%和 62.1%。该区域是我国经济社会相对发达的地区,一旦受灾,将造成重大生命财产损失。据统计,1951—1990 年,我国平均每年发生严重洪涝灾害 5.9 次,平均受灾面积 667 万公顷。1991—2004 年,我国因洪涝灾害造成的年平均死亡人数为 3 121 人,年平均经济损失为 1 149 亿元,严重时死亡人数达到了 5 840 人,相应的经济损失超过 2 000 亿元,给国民基础设施和社会经济发展带来严重损失。另外,还存在大量中小河流未进行有效治理、防洪标准偏低的情况,造成我国洪涝灾害覆盖范围广、持续时间长、灾害损失重、人员伤亡多、社会影响大,已经严重威胁到社会经济的发展和社会的稳定。

1.2.1　经济效益

从经济效益分析,针对我国现状河道,特别是中小河流,通过科学合理的技术手段,开展多涉水建筑物存在条件下的河道累积防洪影响研究,减轻涉水建筑物对河道行洪能力的影响,最大限度地发挥河道防灾减灾的经济效益,避免流域遭遇大洪水时发生严重洪灾,可以为国民经济稳定、持续的发展提供保障。

1.2.2 社会效益

从社会效益看,通过对多涉水建筑物存在条件下的河道防洪影响进行研究及应用推广,加强对大中小河流的防洪排涝治理,逐步完善其防洪减灾体系,可以提高城市以及农村广大地区,包括欠发达地区、少数民族地区的防洪能力,减少土地受淹面积,保卫城市和农村工农业生产,保护交通干线的安全,减少洪灾中的人员伤亡,促进区域经济和社会的协调发展,促进城乡统筹发展以及社会主义新农村的建设,从而有利于社会的稳定。

1.3 关键问题和难点

河道涉水建筑物防洪影响研究的关键问题是考虑涉水建筑物阻水的河道水面线计算。以跨河桥梁工程为例,桥墩多采用桩群基础结构。洪水期,水中桩基的存在会显著抬高河道的水位,造成阻水,使河道的泄洪能力降低,因此其河道水面线的计算必须考虑桩基阻水的影响。但是由于国内外对涉水建筑物阻水特征的研究较少,其资料尚十分匮乏,使得涉水建筑物存在条件下的河道水面线计算问题成为一个难点。

对于涉水建筑物对河道水面线的影响,应用物理模型观测十分困难。以桥梁桩基为例,对于一条长 10 km 的河段,假设其桥梁桩基采用直径 1.5 m 的圆桩。若按 1∶500 比例尺缩制模型,直径 1.5 m 的圆桩缩制后仅 3 mm,由于桩径太细而无法方便地找到合适的制作材料。若按 1∶100 比例尺缩制模型,单桩为 1.5 cm,假设天然情况下桥墩壅水 20 cm,反映到模型上的壅水仅 2 mm,2 mm 的幅度在实验室条件下根本无法测量,轻微的水面波动都有可能导致极大的测量误差。对于此类问题的数学模型研究同样存在困难,其原因在于,桩基的尺度与河道的尺度相差悬殊。假设模拟河段长 10 km,宽度约 50 m,桥梁桩基采用直径 1.5 m 的圆桩。如果用桩的尺度作数值模拟分析,要模拟得精细,则桩周围的计算网格尺度最大一般不能超过其直径的 1/10,即 15 cm;如果桩基数量又特别大,桩基工程区范围内计算网格将不得不布置得非常密集,其结果必然导致计算网格数量巨大。若用河道尺度进行模拟分析,则无法体现出桩对水流的影响。

为了寻求此类问题的解决方案,诸多学者采取涉水建筑物概化的处理方法，将涉水建筑物对河道防洪的影响归结为两个方面，包括建筑物水流阻力的影响以及涉水建筑物存在而使河道过水断面减小的影响。前者常采用阻力概化的方法，后者常采用修正地形或过水率的方法，归纳起来包括：①采用局部加糙的方法进行处理；②采用局部加糙和修正地形相叠加的方法进行处理；③采用局部加糙和过水率修正相叠加的方法进行处理。这些概化处理方法使得应用数学模型进行整个河道多涉水项目累积的防洪影响评价成为可能，但是对涉水建筑物水流阻力的较高认知程度成为发展可靠的概化处理方法的前提。

1.4　防洪评价技术审查的一般要求

河道涉水建筑物应符合国家和省有关法律法规，符合所在流域、区域综合规划、防洪规划、河道整治规划、岸线利用管理规划等相关水利规划，符合国家规定的防洪标准及相关规程、规范和技术标准。项目不得降低河道行洪、引排等能力，不得影响河势稳定、水工程及水环境安全，并将对第三人合法水事权益影响降到最低限度。因此，《防洪影响评价报告》应明确提出河道涉水建筑物对水利规划实施、河道行洪、河势稳定、冲淤变化、堤岸稳定、施工、管理及防汛抢险和第三人合法水事权益等的影响程度和范围，其主要技术审查内容概括如下：

涉河工程基本情况和建设方案是否翔实；涉河工程所在的河道（段）及相邻涉水工程情况是否交代清楚；是否符合国家有关法律、法规、规章和水利规范性文件等规定；是否符合江河流域综合规划以及防洪除涝、水资源开发利用等专业规划；是否符合防洪标准、有关规范及技术要求，防御洪涝的设防标准与措施是否适当；是否影响河势稳定、行洪安全，是否符合水资源、水环境保护的有关要求；项目建设对河道堤防和其他水利工程设施运行的影响分析及评价；项目建设及运行对河道堤防管理及防汛抢险的影响分析与评价；项目占用水域、影响防洪的防治与补救措施是否与主体工程同步设计、同步实施、同步验收，所需建设费用是否纳入建设项目总体工程投资；是否影响第三人合法水事权益，是否符合其他有关规定和协议要求。

2

码头桩基障洪的数学模型处理方法

本章在实测资料基础上,建立嵌套数学模型,研究拟建某码头工程对长江行洪安全的影响,其中大模型为小模型提供边界条件,小模型实现精细模拟。

2.1 二维数学模型的方程及算法

2.1.1 基本方程

连续方程:

$$\frac{\partial z}{\partial t}+\frac{\partial (uh)}{\partial x}+\frac{\partial (vh)}{\partial y}=0 \quad (2.1-1)$$

动量方程:

$$\begin{cases} \dfrac{\partial u}{\partial t}+u\dfrac{\partial u}{\partial x}+v\dfrac{\partial u}{\partial y}=fv-g\dfrac{\partial z}{\partial x}+g\dfrac{u\sqrt{u^2+v^2}}{c^2 h}+\varepsilon_x(\dfrac{\partial^2 u}{\partial x^2}+\dfrac{\partial^2 u}{\partial y^2}) \\ \dfrac{\partial v}{\partial t}+u\dfrac{\partial v}{\partial x}+v\dfrac{\partial v}{\partial y}=-fu-g\dfrac{\partial z}{\partial y}+g\dfrac{v\sqrt{u^2+v^2}}{c^2 h}+\varepsilon_y(\dfrac{\partial^2 v}{\partial x^2}+\dfrac{\partial^2 v}{\partial y^2}) \end{cases}$$
$$(2.1-2)$$

式中,x、y 为水平坐标;t 为时间坐标;z 为水位,h 为水深;u、v 为 x、y 方向垂线平均流速;c 为谢才系数;g 为重力加速度;ε_x、ε_y 为 x、y 方向紊动扩散系数;f 为科氏系数($f=2\omega \sin\varphi$,ω 是地球自转的角速度,φ 是所在地区的纬度)。

2.1.2 定解条件

定解条件包括初始条件及边界条件。

1) 初始条件

初始条件包括初始流速和水位:

$$\begin{cases} u(t,x,y)|_{t=t_0}=u_0(x,y) \\ v(t,x,y)|_{t=t_0}=v_0(x,y) \\ z(t,x,y)|_{t=t_0}=z_0(x,y) \end{cases} \quad (2.1-3)$$

式中，u_0 和 v_0、z_0 分别为初始流速、初始水位，通常取常数，t_0 为起始计算时间。

2) 边界条件

开边界 Γ_0 一般采用断面流量过程、流速过程或水位过程：

$$\begin{cases} Q|_{\Gamma_0}=Q_a(t) \\ u|_{\Gamma_0}=u_a(t,x,y) \\ v|_{\Gamma_0}=v_a(t,x,y) \\ z|_{\Gamma_0}=z_a(t,x,y) \end{cases} \tag{2.1-4}$$

式中，Q_a、u_a 和 v_a、z_a 分别为根据现场观测资料确定的流量过程、流速过程和水位过程。

闭边界 Γ_c 采用不可入条件，即 $V_n=0$，法向流速为 0，n 为边界的外法向。

2.1.3 数值计算方法

采用有限体积法求解，将计算域划分成三角形网格，对每个三角形网格分别进行水量和动量平衡计算，得出各三角形网格边界沿法向输入或输出的流量和动量通量，然后计算出时段末各三角形网格的平均水深和流速。

2.2 数学模型的建立

2.2.1 码头阻水概化处理

执法码头桥墩及趸船的存在会造成河道水流的能量损失，本节将其概化成不过水方形柱（图 2.2-1），相对于实际情况，概化后的码头阻力增大，计算结果偏于安全。

2.2.2 计算范围确定及网格剖分

本节采用嵌套模型，大模型为小模型提供边界条件。大模型计算范围上游起自芜湖长江大桥上 4 km 处，下游至南京长江三桥下 0.6 km 处，共有三角形网格单元 10 038 个，工程区域河段网格加密，最小网格尺度为 60 m× 50 m×50 m。小模型上游距执法码头 1.5 km，下游距执法码头 1.3 km，共有

执法码头

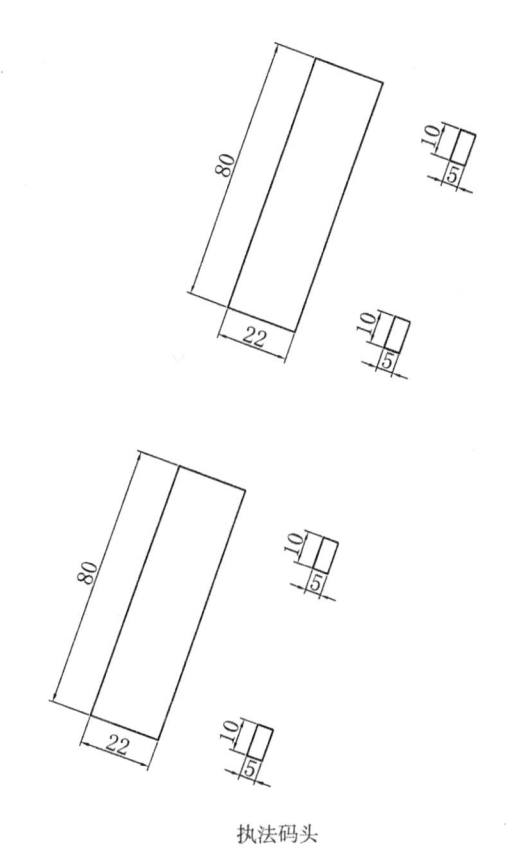

图 2.2-1　码头概化为方形柱示意(单位: m)

网格节点 4 000 个,工程区域网格较密,最小网格尺度为 2.5 m×2 m×2 m。

2.2.3　模型边界条件

大模型计算时上游开边界由实测流量控制,下游开边界由实测水位控制。小模型边界采用流速通量(速度在深度上的积分)边界条件,由大模型提供。

2.2.4　紊动黏性系数

紊动黏性系数与网格步长及当地水流特性有关,本节采用 Smagorinsky 模型计算,使其随网格尺度及水流动力强弱自动调整,既避免紊动扩散项过大引起流场失真,又能增强模型稳定性。

2.2.5 模型验证

模型验证主要针对模型的水动力条件进行验证,包括沿程水位、断面流速和分流比。

2.2.6 地形与水文资料

地形资料采用 2006 年 8 月份水文测验期间实测本河段地形资料,高程系统采用 1985 国家高程基准。

水文资料包括水位、流速、流量资料。大通站多年平均流量为 28 800 m³/s,2006 年大通站年平均流量为 21 800 m³/s,属于典型的少水年。本河段于 2006 年进行了三个测次的水文观测。所用水文资料如下:

1) 2006 年 2 月 14 日—18 日,本河段枯水期水位、流速、流量观测资料;
2) 2006 年 5 月 1 日—4 日,本河段中水期水位、流速、流量观测资料;
3) 2006 年 8 月 15 日—18 日,本河段洪水期水位、流速、流量观测资料,由于本年度长江洪季来水量偏小,该测次来流量与第二测次相当;
4) 2006 年 2 月—8 月南京水文站实测水位资料。

2.2.7 水面线验证

用于水面线验证的沿程各水位测站有 Z1、Z2、Z3、Z4、Z5、Z6、Z7、Z8、Z9 和 Z10。表 2.2-1、图 2.2-2 为大模型水面线的验证情况。验证结果表明,大模型与天然水面线符合较好,水位站偏差在 ±5.0 cm 以内,模型达到了与天然水面线的相似要求。

表 2.2-1　枯水、中水、洪水水面线验证　　　　　　　　　　(单位:m)

测点	2006 年枯水流量 (15 310 m³/s)			2006 年中水流量 (25 200 m³/s)			2006 年洪水流量 (29 560 m³/s)		
	实测值	计算值	偏差	实测值	计算值	偏差	实测值	计算值	偏差
Z1	1.735	1.77	0.035	4.21	4.26	0.05	4.733	4.782	0.049
Z2	1.684	1.67	−0.014	4.21	4.26	0.05	4.718	4.755	0.037
Z3	1.628	1.654	0.026	4.102	4.1	−0.002	4.548	4.566	0.018
Z4	1.61	1.633	0.023	4.069	4.098	0.029	4.501	4.514	0.013

续表

测点	2006年枯水流量 (15 310 m³/s)			2006年中水流量 (25 200 m³/s)			2006年洪水流量 (29 560 m³/s)		
	实测值	计算值	偏差	实测值	计算值	偏差	实测值	计算值	偏差
Z5	1.565	1.592	0.027	3.959	4	0.041	4.381	4.384	0.003
Z6	1.549	1.587	0.038	3.916	3.96	0.044	4.36	4.329	−0.031
Z7	1.546	1.535	−0.011	3.867	3.844	−0.023	4.258	4.225	−0.033
Z8	1.493	1.51	0.017	3.857	3.83	−0.027	4.249	4.209	−0.04
Z9	1.457	1.459	0.002	3.711	3.751	0.04	4.086	4.095	0.009
Z10	1.404	1.378	−0.026	3.636	3.642	0.006	4.034	4.048	0.014

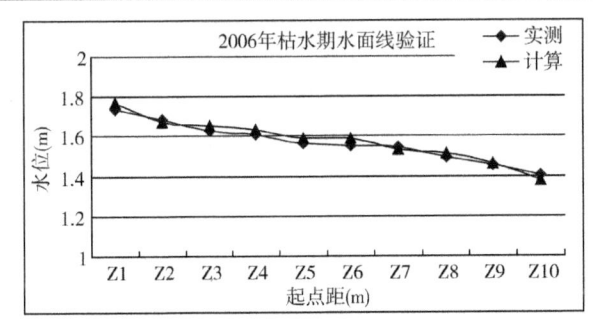

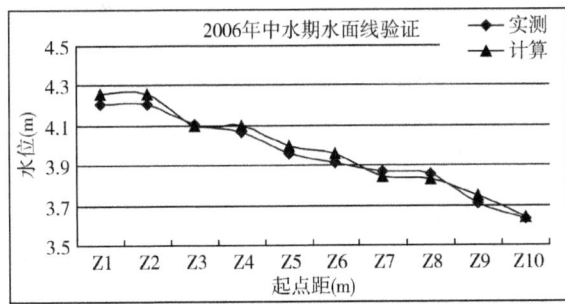

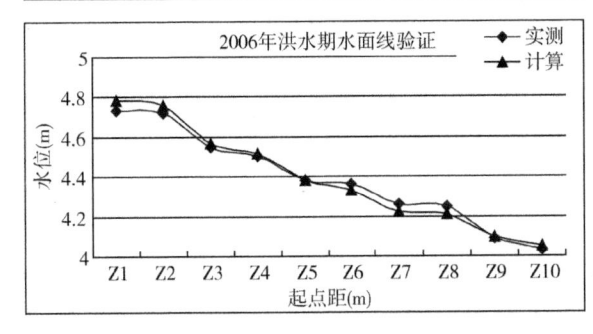

图 2.2-2　2006年枯水、中水、洪水水面线验证

2.2.8 流速分布验证

流速验证由上游向下游沿程共设了6个测流断面,依次为工程区上游的V_L1、V_R1、V_L2、V_R2,以及工程区下游的V_L3和V_R3断面。各断面的流速验证情况见图2.2-3至图2.2-11。试验资料表明,各断面的流速分布与天然吻合得较好,达到了相似要求。

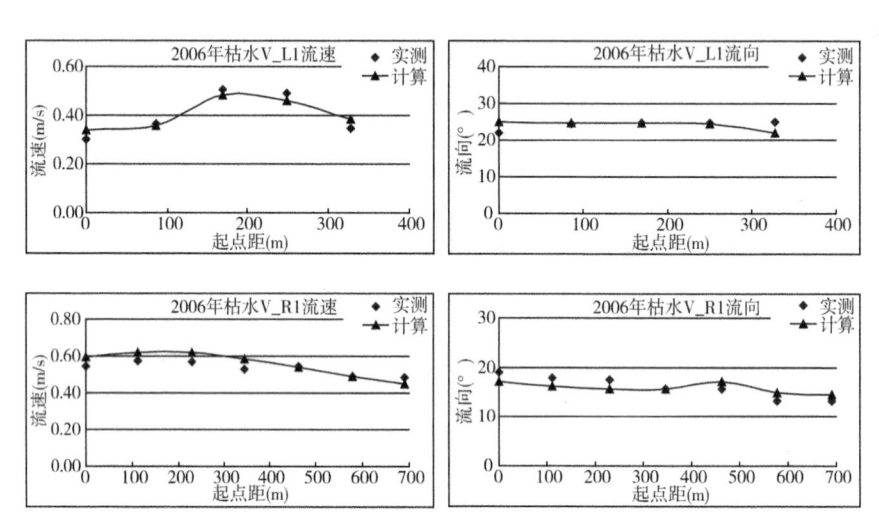

图 2.2-3 2006 年枯水 V_L1、V_R1 断面流速验证

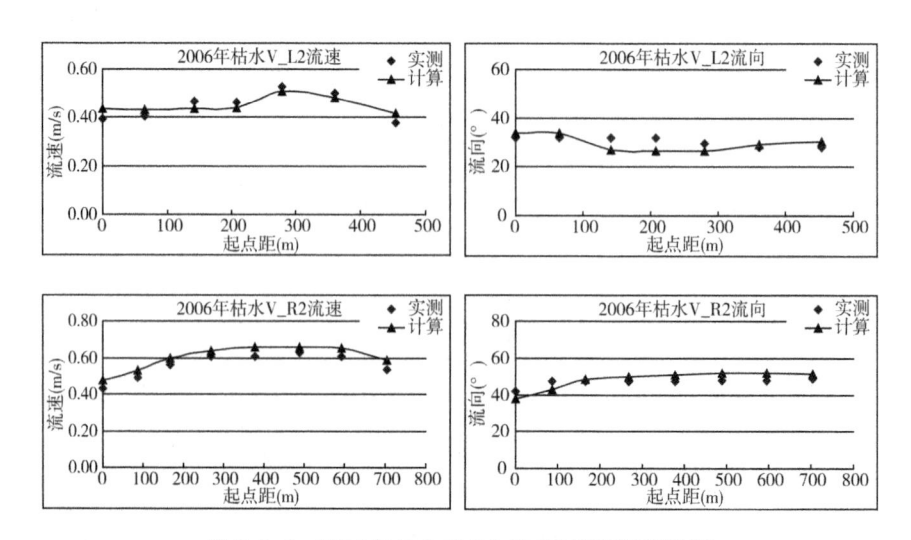

图 2.2-4 2006 年枯水 V_L2、V_R2 断面流速验证

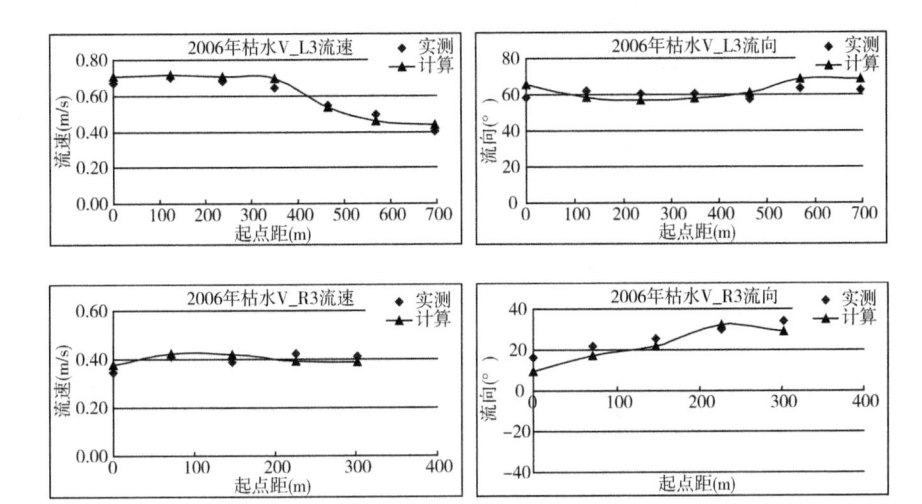

图 2.2-5　2006 年枯水 V_L3、V_R3 断面流速验证

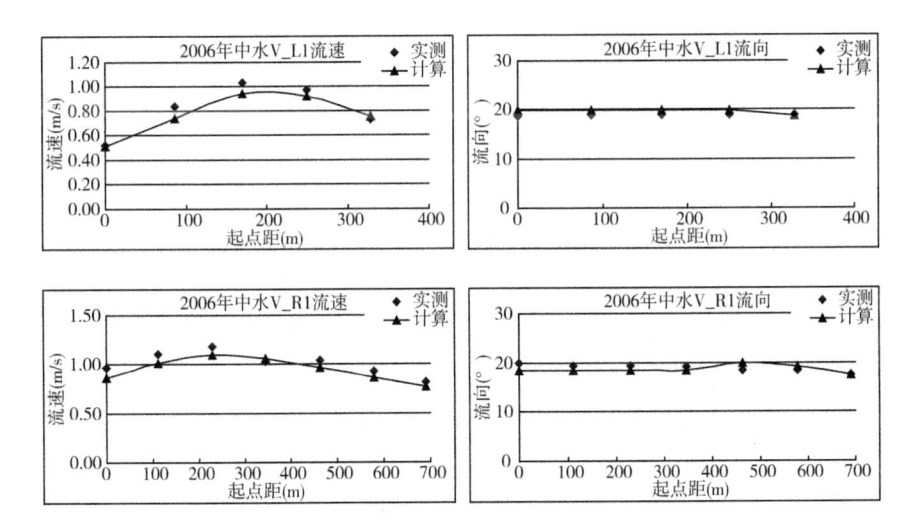

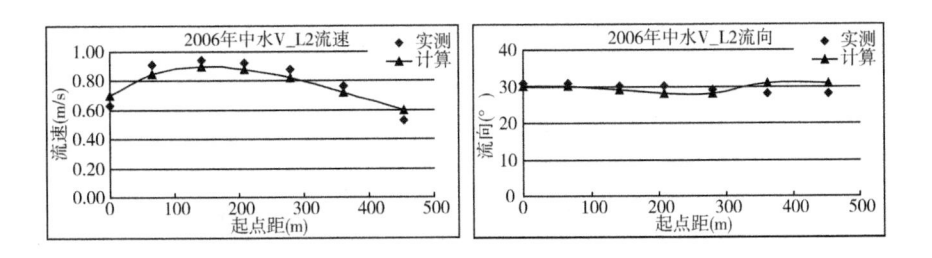

图 2.2-6　2006 年中水 V_L1、V_R1 断面流速验证

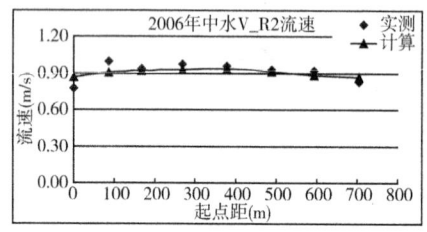

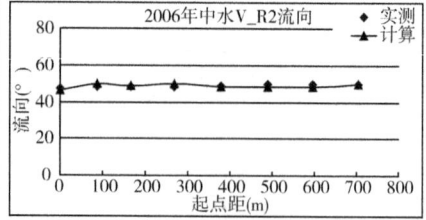

图 2.2-7　2006 年中水 V_L2、V_R2 断面流速验证

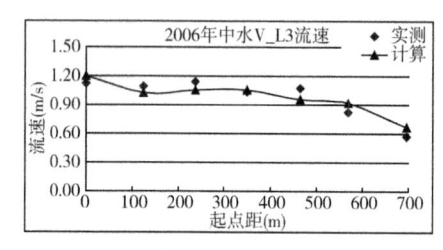

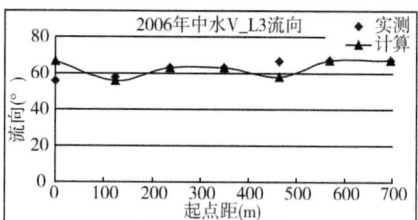

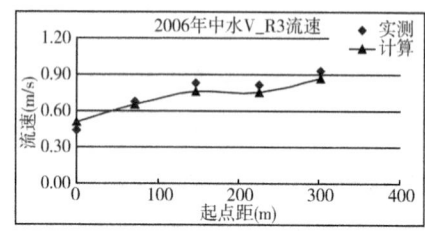

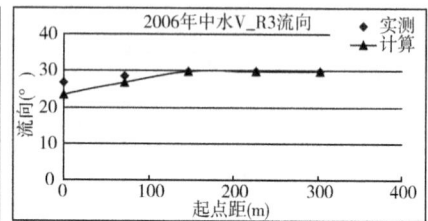

图 2.2-8　2006 年中水 V_L3、V_R3 断面流速验证

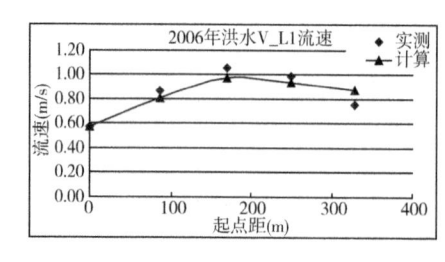

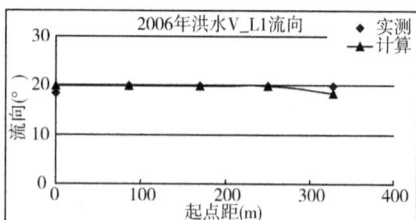

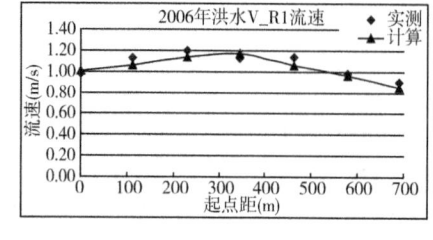

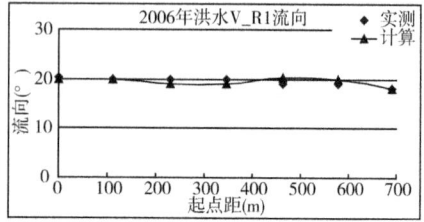

图 2.2-9　2006 年洪水 V_L1、V_R1 断面流速验证

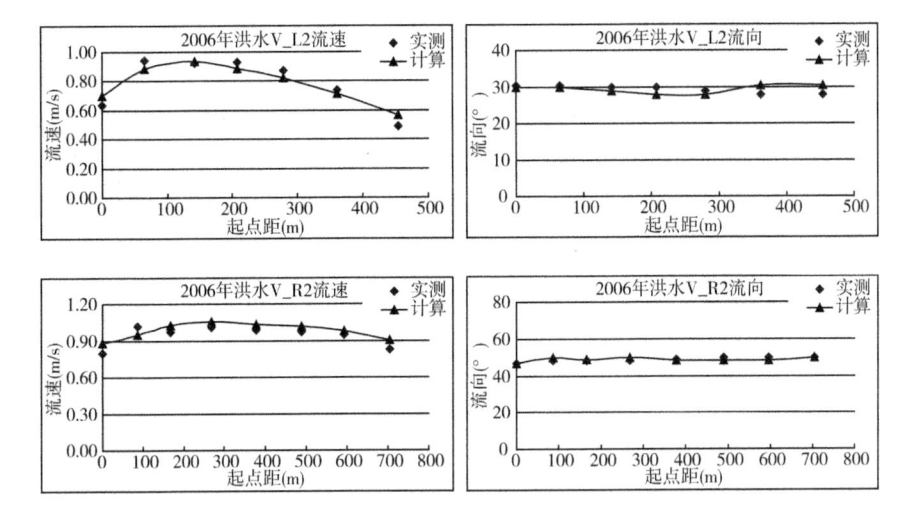

2 码头桩基障洪的数学模型处理方法

图 2.2-10　2006 年洪水 V_L2、V_R2 断面流速验证

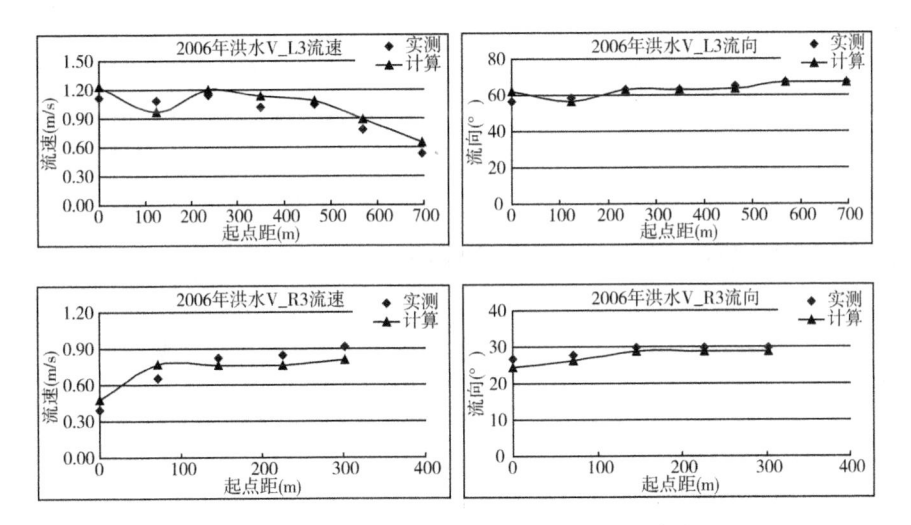

图 2.2-11　2006 年洪水 V_L3、V_R3 断面流速验证

2.2.9　汊道分流比验证

为保证模拟河段汊道分流比的相似,本节以小黄洲左汊进口段的 V_L3 断面和右汊的 V_R3 断面、新生洲左汊进口段的 V_L2 断面和右汊的 V_R2 断面以及潜洲左汊进口段的 V_L1 断面和右汊的 V_R1 断面进行了分流

17

比的验证,结果见表2.2-2。试验资料表明,模型值与天然实测值相比符合较好,说明模型具有良好的相似性。

表2.2-2 枯水、中水、洪水汊道分流比验证 （单位:%）

测点	2006年枯水流量 (15 310 m³/s)			2006年中水流量 (25 200 m³/s)			2006年洪水流量 (29 560 m³/s)		
	实测值	计算值	偏差	实测值	计算值	偏差	实测值	计算值	偏差
V_L1	82.95	83.26	0.31	80.11	81.49	1.38	80.57	81.94	1.37
V_R1	17.05	16.74	−0.31	19.89	18.51	−1.38	19.43	18.06	−1.37
V_L2	37.17	36.15	−1.02	37.35	39.49	2.14	38.30	37.66	−0.64
V_R2	62.83	63.85	1.02	62.65	60.51	−2.14	61.70	62.34	0.64
V_L3	20.67	19.63	−1.04	22.08	22.17	0.09	23.21	21.90	−1.31
V_R3	79.33	80.37	1.04	77.92	77.83	−0.09	76.79	78.10	1.31

2.2.10 糙率的率定

平面二维水流数学模型计算率定的主要参数为河床糙率的取值,根据现场水文测验结果验证计算,本河段的糙率系数为0.020～0.028,且洪水时糙率略大于枯水和中水时糙率。

2.3 码头兴建对长江行洪影响研究

一般情况下,码头建设是否对长江行洪产生影响,主要表现在以下三个方面:

1) 码头工程是否对工程所在河段洪水位产生壅高影响以及洪水位的壅高值是否对长江防洪大堤的安全构成威胁;

2) 码头工程实施后,在不同水流条件下,河道近岸流速变化是否对边坡及堤防产生冲刷影响,从而对堤防的安全构成威胁;

3) 工程的兴建是否会对主流产生影响从而引起河势变化。

针对以上三个方面的问题,本节利用嵌套模型研究不同流量下码头兴建前后,洪水位壅高、码头附近近岸流速及主流动力轴线变化情况。为了便于说明这些变化情况,本节设置流速、水位分析断面,每个断面7个测点,点间距100 m。

2.3.1 模型边界条件

将流量 15 310 m³/s、29 560 m³/s 及 70 000 m³/s 作为试验流量,分别组合特定的水位,如表 2.3-1 所示,小模型的边界条件由大模型计算获得。

表 2.3-1 大模型边界条件

上边界流量(m³/s)	下边界水位(m)	说明
15 310	1.321	实测水位
29 560	3.941	实测水位
70 000	3.378	多年平均月高潮和多年平均月低潮的平均值
70 000	8.300	码头设计高水位

2.3.2 洪水位壅高

表 2.3-2 为试验流量条件下,码头工程方案实施后,工程所在河段沿程水位及壅高值,由表可见:

1) 不同流量条件下,洪水位的壅高程度不同,相对而言,以流量 $Q=70\,000$ m³/s 时为最大,$Q=15\,310$ m³/s 时为最小,其中洪水位的最大壅高值为 2 mm,发生在码头工程上端,壅高影响范围为码头上游 100 m 以内;

2) 由于码头工程对岸的水位基本没有变化,因此,这种较小的水位壅高,对长江行洪的影响不大,不会对长江大堤的行洪安全构成威胁。

表 2.3-2 工程前后洪水位变化

点号	15 310 m³/s+1.321 m			29 560 m³/s+3.941 m			70 000 m³/s+3.378 m			70 000 m³/s+8.300 m		
	工程前(m)	工程后(m)	差值(m)	工程前(m)	工程后(m)	差值(m)	工程前(m)	工程后(m)	差值(m)	工程前(m)	工程后(m)	差值(m)
1#-1	1.485	1.485	0.000	4.146	4.146	0.000	5.180	5.182	0.002	8.968	8.969	0.001
1#-2	1.486	1.486	0.000	4.146	4.146	0.000	5.182	5.183	0.001	8.970	8.971	0.001
1#-3	1.487	1.487	0.000	4.148	4.148	0.000	5.186	5.186	0.000	8.972	8.972	0.000
1#-4	1.488	1.488	0.000	4.150	4.150	0.000	5.188	5.188	0.000	8.982	8.982	0.000
1#-5	1.490	1.490	0.000	4.150	4.150	0.000	5.191	5.191	0.000	8.984	8.984	0.000
1#-6	1.492	1.492	0.000	4.153	4.153	0.000	5.191	5.191	0.000	8.986	8.986	0.000
1#-7	1.496	1.496	0.000	4.153	4.153	0.000	5.196	5.196	0.000	8.989	8.989	0.000
2#-1	1.484	1.484	0.000	4.145	4.145	0.000	5.179	5.179	0.000	8.967	8.967	0.000

续表

点号	15 310 m³/s+1.321 m			29 560 m³/s+3.941 m			70 000 m³/s+3.378 m			70 000 m³/s+8.300 m		
	工程前(m)	工程后(m)	差值(m)	工程前(m)	工程后(m)	差值(m)	工程前(m)	工程后(m)	差值(m)	工程前(m)	工程后(m)	差值(m)
2#-2	1.483	1.483	0.000	4.141	4.141	0.000	5.178	5.178	0.000	8.966	8.966	0.000
2#-3	1.483	1.483	0.000	4.139	4.139	0.000	5.174	5.174	0.000	8.966	8.966	0.000
2#-4	1.481	1.481	0.000	4.138	4.138	0.000	5.171	5.171	0.000	8.964	8.964	0.000
2#-5	1.480	1.480	0.000	4.138	4.138	0.000	5.170	5.170	0.000	8.961	8.961	0.000
2#-6	1.480	1.480	0.000	4.135	4.135	0.000	5.169	5.169	0.000	8.960	8.960	0.000
2#-7	1.479	1.479	0.000	4.135	4.135	0.000	5.167	5.167	0.000	8.960	8.960	0.000

2.3.3 近岸流速变化

表 2.3-3 为试验流量条件下，码头工程方案实施后，工程所在河段右岸近岸垂线平均流速变化特征，由表可见：

1) 受码头涉水工程部分阻水、遮蔽的影响，码头后方及上、下游一定范围的近岸流速有所减小，减小的幅度有限，最大为 0.07 m/s，对应的影响范围大致在工程区上游 100 m 至工程区下游 200 m 区间内；

2) 工程兴建后近岸流速没有增加，工程兴建不会对两岸大堤及坡脚的安全带来不利影响。

表 2.3-3　工程前后近岸流速变化

点号	15 310 m³/s+1.321 m			29 560 m³/s+3.941 m			70 000 m³/s+3.378 m			70 000 m³/s+8.300 m		
	工程前(m/s)	工程后(m/s)	差值(m/s)	工程前(m/s)	工程后(m/s)	差值(m/s)	工程前(m/s)	工程后(m/s)	差值(m/s)	工程前(m/s)	工程后(m/s)	差值(m/s)
1#-1	0.40	0.37	-0.03	0.73	0.68	-0.05	1.53	1.46	-0.07	1.23	1.17	-0.06
1#-2	0.43	0.41	-0.02	0.78	0.76	-0.02	1.57	1.53	-0.04	1.23	1.20	-0.03
1#-3	0.43	0.43	0.00	0.78	0.78	0.00	1.58	1.58	0.00	1.24	1.24	0.00
1#-4	0.43	0.43	0.00	0.80	0.80	0.00	1.62	1.62	0.00	1.29	1.29	0.00
1#-5	0.46	0.46	0.00	0.84	0.84	0.00	1.69	1.69	0.00	1.35	1.35	0.00
1#-6	0.47	0.47	0.00	0.85	0.85	0.00	1.75	1.75	0.00	1.35	1.35	0.00
1#-7	0.48	0.48	0.00	0.88	0.88	0.00	1.77	1.77	0.00	1.38	1.38	0.00
2#-1	0.41	0.39	-0.02	0.71	0.68	-0.03	1.54	1.47	-0.07	1.22	1.18	-0.04
2#-2	0.42	0.41	-0.01	0.71	0.69	-0.02	1.55	1.50	-0.05	1.24	1.20	-0.04

续表

点号	15 310 m³/s+1.321 m			29 560 m³/s+3.941 m			70 000 m³/s+3.378 m			70 000 m³/s+8.300 m		
	工程前(m/s)	工程后(m/s)	差值(m/s)	工程前(m/s)	工程后(m/s)	差值(m/s)	工程前(m/s)	工程后(m/s)	差值(m/s)	工程前(m/s)	工程后(m/s)	差值(m/s)
2#-3	0.44	0.43	-0.01	0.72	0.71	-0.01	1.56	1.52	-0.04	1.25	1.24	-0.01
2#-4	0.47	0.47	0.00	0.73	0.73	0.00	1.57	1.57	0.00	1.26	1.26	0.00
2#-5	0.48	0.48	0.00	0.75	0.75	0.00	1.57	1.57	0.00	1.27	1.27	0.00
2#-6	0.48	0.48	0.00	0.78	0.78	0.00	1.58	1.58	0.00	1.27	1.27	0.00
2#-7	0.49	0.49	0.00	0.78	0.78	0.00	1.66	1.66	0.00	1.28	1.28	0.00

2.3.4 主流动力轴线变化

图 2.3-1 至图 2.3-4 为试验流量条件下，码头工程方案实施后，测流断面 3#、4#、5# 及 6# 垂线平均流速变化特征，由图可见：

1）码头工程实施后，工程对码头外流场的横向最大影响范围在 150 m 以内，而主流动力轴线的位置在码头前沿外 350~450 m 间，其流速影响区域仅限于码头附近较小的水域；

2）主流流速大小没有变化，主流动力轴线的位置不变，主流的走向亦保持不变。因此，可以认为工程的兴建不会对主流动力轴线产生影响，因而也不会对上下游的河势产生影响。

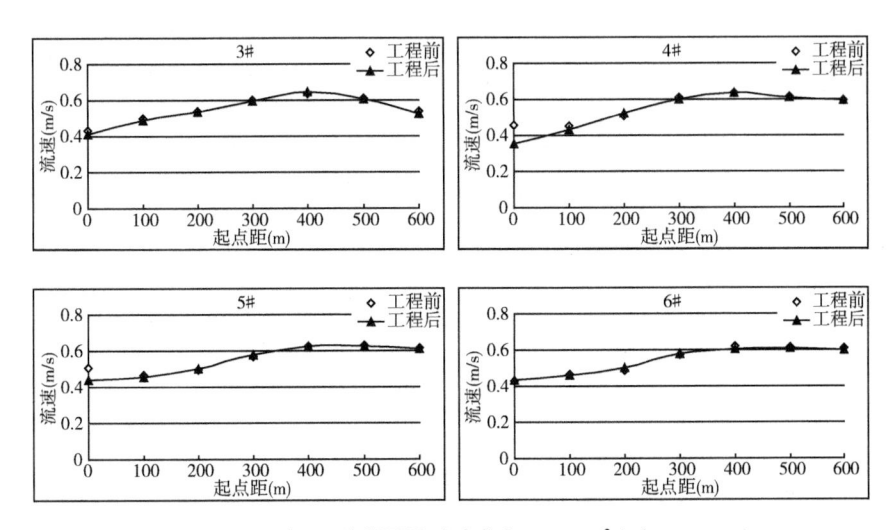

图 2.3-1　3#~6# 断面流速变化（15 310 m³/s+1.321 m）

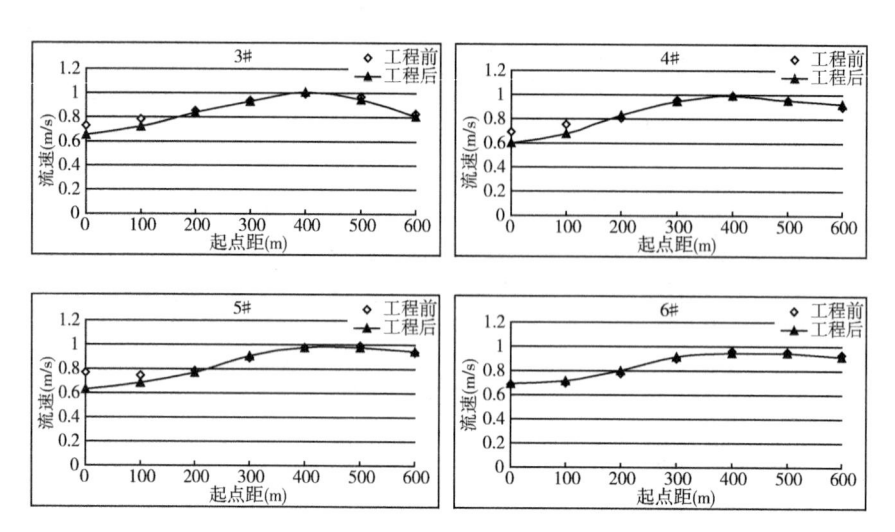

图 2.3-2　3#~6#断面流速变化(29 560 m³/s+3.941 m)

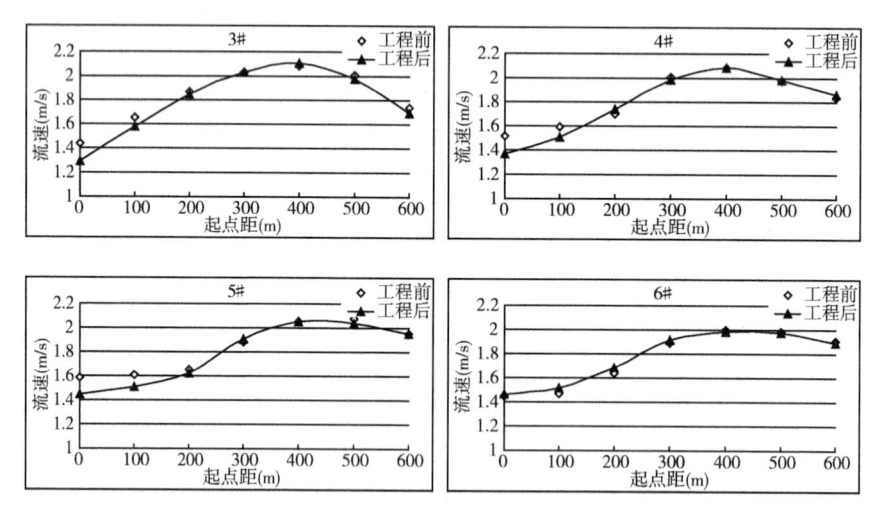

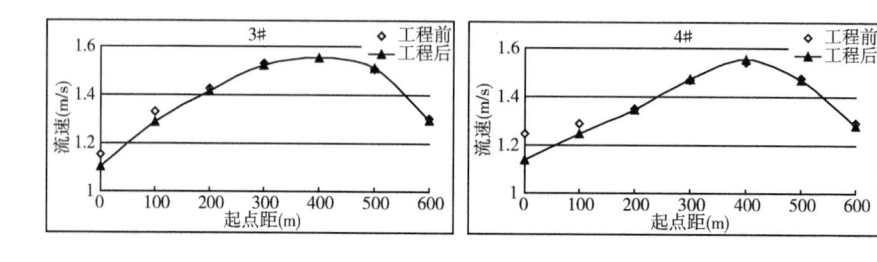

图 2.3-3　3#~6#断面流速变化(70 000 m³/s+3.378 m)

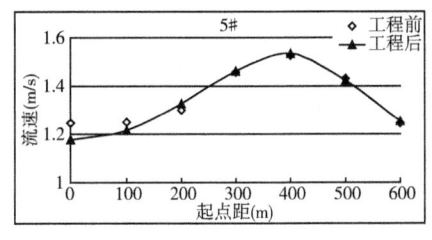

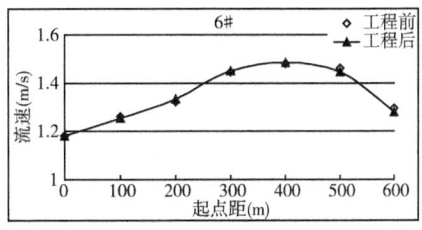

图 2.4-4　3♯～6♯断面流速变化(70 000 m³/s+8.300 m)

2.4　主要结论

本章通过数学模型研究执法码头工程对长江行洪的影响,得出的结论主要包括：

1) 本章建立的数学模型计算结果与实测资料符合较好,表明该模型能够有效地模拟工程区域天然河道的水流特性;

2) 执法码头桥墩及趸船的存在会造成河道水流的能量损失,本章将其概化成不过水方形柱,相对于实际情况,概化后的码头阻力增大,计算结果偏于安全;

3) 不同流量条件下,洪水位的壅高程度不同,相对而言,以流量 $Q=70\,000\,\text{m}^3/\text{s}$ 时为最大,$Q=15\,310\,\text{m}^3/\text{s}$ 时为最小。其中,洪水位的最大壅高值为 2 mm,发生在码头工程上端,壅高影响范围为码头上游 100 m 以内,这种较小的水位壅高,对长江行洪的影响不大,不会对长江大堤的行洪安全构成威胁;

4) 受码头涉水工程部分阻水、遮蔽的影响,码头后方及上、下游一定范围的近岸流速有所减小,减小的幅度有限,最大为 0.07 m/s,对应的影响范围大致在工程区上游 100 m 至工程区下游 200 m 区间内,工程兴建后近岸流速没有增加,工程兴建不会对两岸大堤及坡脚的安全带来不利影响;

5) 码头工程实施后,工程对码头外流场的横向最大影响范围在 150 m 以内,而主流动力轴线的位置在码头前沿外 350～450 m 间,其流速影响区域仅限于码头附近较小的水域。主流流速大小没有变化,主流动力轴线的位置不变,主流的走向亦保持不变。因此,可以认为工程的兴建不会对主流动力轴线产生影响,因而也不会对上下游的河势产生影响。

3

临时码头工程
防洪影响评价

3.1 概述

3.1.1 项目背景

启东市启隆镇位于启东市西南侧,地处长江北支入海口、崇明岛北部,南与上海市崇明区接壤,北和启东市隔江相望。南通上岛置业有限公司房地产项目为启隆镇政府招商引资项目。项目建设地块位于启隆镇六十八窑闸东侧,占地 364 635 m²,项目位置见图 3.1-1。由于上岛房地产项目周边地区无建筑材料供应,也没有供材料运输进场的码头等基础设施,因此南通上岛置业有限公司拟在项目地块北侧江边建设 1 000 t 级临时建材码头,以通过水路将建设材料运输进场。拟建码头位于长江口北支中段右岸,新村沙河道整治工程围区下游约 270 m 处,码头工程位置见图 3.1-1。

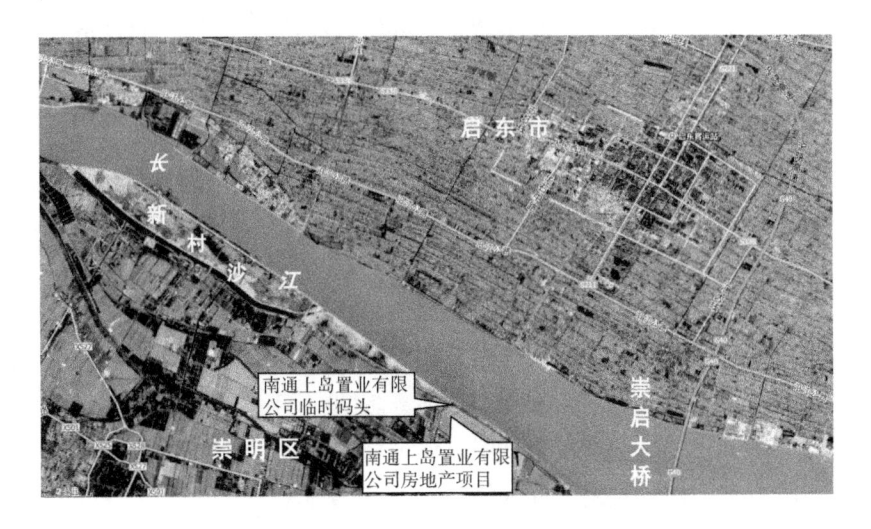

图 3.1-1 南通上岛置业有限公司房地产项目及临时码头工程位置

3.1.2 评价依据

有关法律、法规:

(1)《中华人民共和国水法》(2016 年 7 月 2 日第十二届全国人民代表大会常务委员会第二十一次会议修正);

(2)《中华人民共和国防洪法》(2016 年 7 月 2 日第十二届全国人民代表大会常务委员会第二十一次会议修正)；

(3)《中华人民共和国河道管理条例》(2011 年 1 月 8 日修订)；

(4)《中华人民共和国防汛条例》(1991 年 7 月 2 日国务院令第 86 号发布,2011 年 1 月 8 日修订)；

(5)《江苏省防洪条例》(2010 年 9 月 29 日江苏省第十一届人民代表大会常务委员会第十七次会议修正)；

(6)《江苏省水利工程管理条例》(2004 年 6 月 17 日江苏省第十届人民代表大会常务委员会第十次会议第三次修正)；

(7)《江苏省河道管理实施办法》(根据 2012 年 2 月 16 日江苏省人民政府令第 81 号第四次修正)；

(8)《江苏省长江防洪工程管理办法》(根据 2008 年 3 月 20 日江苏省人民政府令第 41 号第二次修订)；

(9)《江苏省建设项目占用水域管理办法》(2013 年 1 月 28 日江苏省人民政府令第 87 号发布,2013 年 3 月 1 日起实施)；

(10)《河道管理范围内建设项目管理的有关规定》(水政〔1992〕7 号)；

(11)《江苏省河道管理范围内建设项目管理规定》(根据 2004 年 7 月 5 日江苏省水利厅苏水政〔2004〕20 号文件修订)。

有关规划文件：

(1)《长江流域综合规划(2012—2030 年)》(国函〔2012〕220 号批复)；

(2)《长江流域防洪规划》(国函〔2008〕62 号批复)；

(3)《长江口综合整治开发规划》(国务院 2008 年 3 月批复)；

(4)《长江岸线保护和开发利用总体规划》(水建管〔2016〕329 号)；

(5)《江苏省防洪规划》(苏政复〔2001〕21 号批复)；

(6)《江苏省江海堤防达标建设修订设计标准》(苏水管〔1997〕80 号)；

(7)《江苏省长江远期防洪(潮)设计水位及沿线建筑物设计标准》(苏水计〔1997〕210 号)；

(8)《省水利厅关于印发〈江苏省长江堤防防洪能力提升工程建设前期工作技术指导意见〉的通知》(苏水计〔2015〕20 号)；

(9)《崇明岛域水利规划修编》(2011 年 8 月)。

有关技术规范、技术标准：

(1)《防洪标准》(GB 50201—2014)；

(2)《水利工程水利计算规范》(SL 104—2015)；

(3)《河道管理范围内建设项目防洪评价报告编制导则(试行)》(水利部办公厅办建管〔2004〕109号)；

(4)《高桩码头设计与施工规范》(JTS 167—1—2010)；

(5)《堤防工程设计规范》(GB 50286—2013)；

(6)《堤防工程管理设计规范》(SL 171—1996)。

有关设计及批复文件：

(1)《南通上岛置业有限公司临时码头设计方案》(南通港口规划设计院有限公司,2016年12月)；

(2)《崇明新河港北延伸段配套工程(水闸)岩土工程勘察报告》(安徽省水利水电勘测设计院,2015年4月)；

(3)长江口河段水下地形图(江苏省水利科学研究院,2015年3月)；

(4)《关于南通上岛置业有限公司六十八窕闸东侧地块项目核准的批复》(启东市行政审批局,启行审投〔2016〕150号)；

(5)《上海市发展改革委关于崇明新河港北延伸段河道整治工程项目建议书的批复》(上海市发展和改革委员会,沪发改环资〔2014〕152号)；

(6)《市发改委关于启东市启隆乡人民政府新河港北闸工程项目建议书的批复》(启东市发展和改革委员会,启发改投〔2014〕132号)。

3.1.3 技术路线及工作内容

技术路线：

(1)根据防洪评价要求进行实地查勘,收集整理建设项目概况、建设项目所在河段基本情况、现有水利工程及其他设施情况、水利规划等相关资料。

(2)根据实测及搜集的水文和地形资料,分析工程所在河段河道演变特点及演变趋势。

(3)利用二维水流数学模型计算不同典型水文条件下工程建设前后附近水位及流场变化,根据模型计算成果分析拟建码头工程对防洪的影响。

(4)根据实测地形和地质勘测资料,采用瑞典圆弧法对拟建码头工程位置前沿岸坡和堤防边坡进行抗滑稳定复核计算并分析。

工作内容：

根据建设项目的基本情况、所在河段的防洪任务和要求以及拟建工程的特点，依据有关法律、法规及技术规定、要求，进行河势分析及防洪评价计算分析，就项目对所在河段的河势稳定、防洪安全、有关水利工程运行、第三人合法水事权益以及其他方面可能带来的影响进行综合评价。

结合建设项目的特点，提出减少和消除各种不利影响的防治与补救措施，为工程的审批提供科学依据。

本章高程系统除特别说明外均为1985国家高程基准，平面坐标系为1954年北京坐标系。

1985国家高程基准与吴淞高程系统的换算关系为：

1985国家高程基准＝吴淞高程系统－1.92 m。

3.2 基本情况

3.2.1 建设项目概况

拟建码头位于启东市启隆镇兴隆社区，地处长江口北支中段右岸，六十八窑闸（已废弃）河口中心线下游侧30 m，在建的新河港闸东侧港堤背水坡脚下游侧57 m，上距已建成的新村沙整治工程围区下端约270 m。对应启东市启隆镇段主江堤桩号范围为K14+770～K14+881。因此拟建码头为临时建材码头，建设目的是为上岛房地产项目建设提供通过水路将建筑材料运输进场的基础设施，主要用途为装卸钢材、水泥、砂石等建筑材料。根据上岛房地产项目建设周期为8年，因此拟建码头设计使用期限也为8年，期满后由建设单位自行组织拆除。

根据《南通上岛置业有限公司临时码头设计方案》，拟建码头为1 000 t级临时码头，在港航工程等级中属于二等。码头使用年限8年，相对较短，防洪标准为100年一遇。根据青龙港站、三条港站潮位直线内插，拟建码头处20年一遇高潮位4.08 m。拟建码头平台长111.0 m，宽10.0 m。根据拟建码头区的水流、自然地形条件，考虑设计船型吃水要求，码头设在靠近堤脚的地方，码头平台前沿线布置在－5.0 m等高线附近，码头平台角点坐标见表3.2-1。码头前沿设计泥面高程－5.30 m，现状滩面高程－5.50 m，符合设计吃水要求。

表 3.2-1　拟建码头平台角点坐标（1954 年北京坐标系）

角点编号	坐标 Y	坐标 X
A	648 644.36	3 513 842.72
B	648 741.07	3 513 788.23
C	648 736.12	3 513 779.54
D	648 639.41	3 513 834.03

码头平台通过一座 60.0 m×12.0 m 引桥与后方陆域连接，引桥坡度 3%。与堤顶连接处引桥面设计高程 7.43 m，连接处原有防洪墙拆除，增加台帽支承引桥。台帽宽度 1.5 m，顶面高程 7.43 m，台帽与引桥搭接段宽 0.5 m。台帽背水侧堤顶增加沥青路面铺设，顶面高程同样达到 7.43 m。堤防背水侧设宽度 12.0 m、坡度 10% 的上堤道路与后方陆域堆场连接。拟建码头与堤防及后方堆场连接布置简图见图 3.2-1。

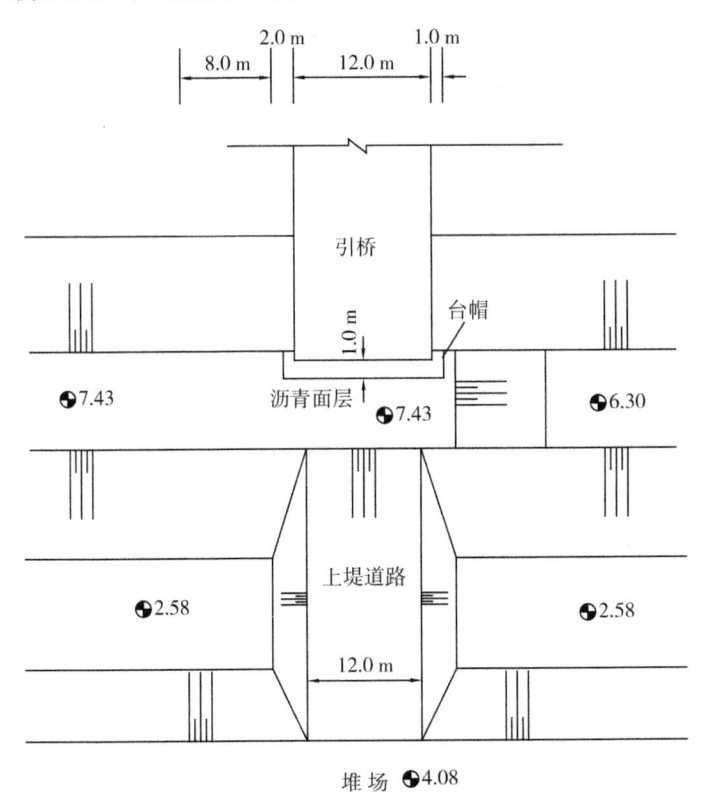

图 3.2-1　拟建码头与堤防及后方堆场连接布置简图

码头采用高桩梁板结构。码头平台长 111.0 m,宽 10.0 m,码头面高程 5.60 m。码头平台前沿线布置在-5.0 m 等高线附近,码头前沿设计泥面高程-5.30 m,现状滩面高程-5.50 m,符合设计吃水要求。码头平台面板采用现浇连续板,面板下方盖梁、立柱及联系梁均为现浇混凝土结构。联系梁下方基础采用 PHC 预制管桩,共 25 榀排架,每榀排架基础采用 3 根 Φ800 PHC 管桩,均为直桩,桩长 20.0 m,每榀排架间距 8.0 m。引桥采用高桩梁板结构。引桥长 60.0 m,宽 12.0 m,引桥面高程 5.85~7.65 m,引桥梁底高程 5.20~7.0 m。引桥排架间距 15.0 m,上部结构为现浇板,横梁采用现浇混凝土结构,下部采用 Φ800 PHC 管桩,桩长 20.0 m。与堤防连接处引桥面设计高程 7.65 m,连接处原有防洪墙拆除,增加钢筋砼台帽支承。

根据江苏省长江堤防防洪能力提升工程对主江堤防洪标准提升的要求,拟建码头对应堤段堤顶高程为设计洪(潮)水位加超高 2.5 m,达到 7.43 m,而该堤段现状堤顶高程 6.30 m、防洪墙顶高程 7.10 m,不满足要求,需要进行加高、加宽。结合拟建码头引桥搭接的需要,将堤顶与引桥连接处原有防洪墙拆除,增加钢筋砼台帽支承引桥。台帽宽度 1.5 m,顶面高程 7.43 m,台帽与引桥搭接段宽 0.5 m。台帽背水侧堤顶增加铺设沥青路面,自下而上依次设 70 cm 厚石碴垫层、15 cm 厚3%水泥碎石稳定层、20 cm 厚5%水泥碎石稳定层、5 cm 厚中粒式沥青混凝土、洒布改性乳化沥青、3 cm 厚细粒式沥青混凝土,顶面高程同样达到 7.43 m。为提高堤顶承载能力,台帽及沥青路面下方土堤顶部采用水泥搅拌桩加固处理。堤身断面加固段按引桥与堤防连接段向西侧延伸至与新建的新河港闸东侧港堤衔接,向东侧展宽 2.0 m,东侧加固段与原有堤段间以 8%斜坡平顺连接,确保堤顶可正常通行其他车辆。堤身断面加固及上堤道路剖面见图 3.2-2。

《中华人民共和国防洪法》和《中华人民共和国河道管理条例》中规定:有堤防的河道、湖泊,其管理范围为两岸堤防之间的水域、沙洲、滩地、行洪区和堤防及护堤地。根据上述规定,拟建码头占用长江河道管理范围内土地及建筑设施,占用对象主要是码头引桥连接段范围内的堤防,及通往码头后方堆场道路所占用的堤防背水侧坡脚保护范围内的土地。根据码头引桥宽度 12.0 m,引桥后方占用堤顶道路按引桥宽度向两侧各展宽 2.0 m,共计占用堤防 16.0 m;根据江堤背水侧保护范围为坡脚外侧 15 m,堤顶至堆场道路宽度 12.0 m、道路向两侧各展宽 3 m,共计占用河道管理范围内土地 270.0 m^2。

根据码头平台长度111.0 m、宽度10.0 m,引桥长度60.0 m、宽度12.0 m,因此拟建码头共占用岸线长度111.0 m,占用滩地面积1 830 m²。

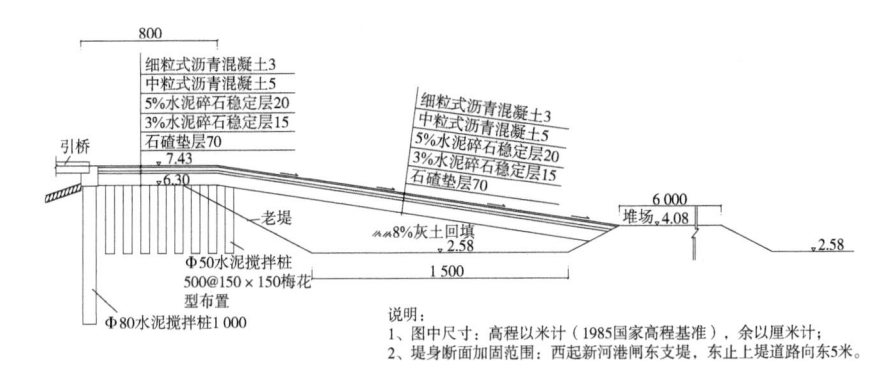

图 3.2-2　堤身断面加固及上堤道路剖面

3.2.2　河道基本情况

本工程位于长江口北支河段中段右岸。北支西起崇明岛头,东至连兴港,全长约83 km,河道平面形态弯曲,弯顶在大洪河至大新河之间,弯顶上下河道均较顺直,上口崇头断面河宽3.0 km,下口连兴港断面河宽12.0 km,河宽最窄处在青龙港断面,河宽仅2.1 km。历史上北支曾经是入海主泓,18世纪以后,由于主流逐渐南移,长江主流改道南支,进入北支的径流逐渐减少,导致北支河道中沙洲大面积淤涨,河宽逐渐缩窄,北支逐渐演变为支汊。目前,北支分泄长江径流比例在5%以下,已成为一条以涨潮流为主的河道。

北支河床宽浅,南、北支会潮区、远离主动力区的河槽右侧及涨、落潮流路分离区洲滩发育,暗沙罗列,早期有长沙、百万沙、永隆沙,近期有新村沙、兴隆沙群等,滩槽易位频繁。

北支与南支存在水沙交换,无大支流入汇,沿江两岸有许多排灌用的小河港,河港口门处均建有节制闸,引排水量有限。北支两岸进行过多次围垦,均筑有堤防。经过多年护岸工程的控制,目前岸线基本稳定。北支河段平均水深较小,明暗沙罗列,滩槽易位频繁。同时存在水沙倒灌南支的现象。近年来,北支进行了一系列的围垦,对河势影响较大。1991—1998年口门的圩角沙、中段的老灵甸沙、黄瓜沙分别并入南、北两岸;2001年黄瓜沙右汊进口封堵;2003年6月黄瓜二沙尾端封堵;2005年五通港促淤坝封堵后,黄瓜沙群加快了发展、并岸的速率。

3.2.3 水文、泥沙特征

长江流域以雨洪径流为主,流域平均降水量1 100 mm,每年5—10月为汛期,11月至翌年4月为枯季。本项目所在工程河段为长江口北支中段,处于长江口潮流界内,水流既受上游径流的影响,又受长江口潮流上溯的影响,双向水沙运动是本河段的基本特征。

1. 径流

大通站是长江中下游干流最后一个径流控制站,大通以下区间来水量相对较小,大通站实测资料基本可以用来代表长江口河段径流特征。据大通站1950—2014年资料统计,多年平均流量为28 287 m³/s,相应多年平均径流量约9 000亿 m³。从多年平均情况来看,7月份平均流量最大,为49 500 m³/s,相应径流量占年径流总量的14.60%,1月份平均流量最小,为11 100 m³/s,仅占年径流总量的3.27%;径流年内分配不均匀,5—10月份的径流量占全年的70.47%。径流年际间的变化也较大,历年最大年径流量为1954年的13 600亿 m³,历年最小年径流量为1978年的6 760亿 m³。大通水文站水沙特征值及多年月平均流量年内分配统计如表3.2-2、3.2-3所示。

2. 泥沙

长江大通站平均每年向下游输送3.9亿 t泥沙,年平均含沙量为0.442 kg/m³。输沙量年内分配不均,5—10月输沙量占全年的87.24%,12月至次年3月份仅占4.74%。7月份平均输沙率达34.5 t/s,1月份仅1.11 t/s。三峡蓄水以来的2003—2011年平均输沙量约1.43亿 t,较蓄水前减少约65.5%,其中2011年只有0.718亿 t。

北支河段悬沙主要由黏粒粉沙和砂粒组成,中值粒径介于0.006 5～0.035 2 mm之间;河床质主要由粉沙和砂粒组成,中值粒径介于0.015 4～0.113 mm之间。悬沙与床沙之间存在一定的交换。北支主要泥沙来源为海域来沙,近期北支涨落潮含沙量见表3.2-4,南北支输沙量、分沙比见表3.2-5。北支泥沙存在以下特点：

(1) 大中潮期涨潮平均含沙量一般大于落潮期,且涨潮期带入的泥沙不能完全随落潮流带出;小潮期涨落潮含沙量相当。

(2) 北支含沙量远高于南支,北支涨潮期含沙量高于落潮期。

表 3.2-2 大通水文站流量、泥沙特征统计

项 目		特征值	发生日期	统计年份
流量 (m^3/s)	历年最大	92 600	1954 年 8 月 1 日	1950—2014
	历年最小	4 620	1979 年 1 月 31 日	1950—2014
	多年平均	28 287		1950—2014
含沙量 (kg/m^3)	历年最大	3.24	1959 年 8 月 6 日	1950—2014
	历年最小	0.016	1999 年 3 月 3 日	1950—2014
	多年平均(三峡蓄水前)	0.48		1950—2002
	多年平均(三峡蓄水后)	0.17		2003—2014
输沙量 (10^8 t)	历年最大	6.78	1964 年	1950—2014
	历年最小	0.718	2011 年	1950—2014
	多年平均(三峡蓄水前)	4.27		1950—2002
	多年平均(三峡蓄水后)	1.41		2003—2014

表 3.2-3 大通水文站来水来沙年内分配统计

月份	流量 多年平均 (m^3/s)	流量 年内分配 (%)	输沙率 多年平均 (kg/s)	输沙率 年内分配 (%)	多年平均含沙量 (kg/m^3)
1	11 100	3.27	1 110	0.74	0.096
2	11 900	3.51	1 170	0.78	0.092
3	16 300	4.81	2 430	1.63	0.139
4	23 800	7.02	5 590	3.74	0.223
5	33 300	9.82	11 200	7.49	0.306
6	39 900	11.77	15 900	10.64	0.380
7	49 500	14.60	34 500	23.08	0.696
8	43 700	12.89	28 400	19.00	0.667
9	40 000	11.80	25 100	16.79	0.636
10	32 500	9.59	15 300	10.24	0.463
11	22 800	6.73	6 400	4.28	0.277
12	14 200	4.19	2 380	1.59	0.163
5—10 月	39 800	70.47	21 700	87.24	0.525
年平均	28 300		12 500		0.442

备注:流量根据 1950—2011 年资料统计;
　　　输沙率、含沙量根据 1950—1951 年、1953—2011 年资料统计。

表 3.2-4　北支涨落潮实测垂线平均含沙量　　（单位：kg/m³）

施测日期	潮别	位置	涨潮平均含沙量	落潮平均含沙量
1983年10月13日至14日 1983年10月18日至19日 1983年10月23日至24日	小 中 大	青龙港／三条港	0.40/1.15 0.69/1.11 1.66/3.77	0.62/0.93 0.94/1.39 1.41/3.95
1991年2月25日至26日	中	青龙港／头兴港	0.91/1.29	0.44/1.22
1991年8月10日至11日	大	青龙港／头兴港	1.45/1.32	0.83/1.03
2001年9月4日至5日 2001年9月7日至8日 2001年9月11日至12日	大 中 小	青龙港／三条港	3.03/1.59 3.69/1.68 0.26/0.77	0.84/1.03 0.64/0.89 0.28/0.80
2002年3月1日至2日 2002年3月4日至5日 2002年3月8日至9日	大 中 小	青龙港／三条港	2.80/1.76 2.57/1.66 0.14/0.16	1.08/1.84 1.68/1.59 0.11/0.20
2010年8月25日至26日 2010年8月21日至22日 2010年8月18日至19日	大 中 小	青龙港／三条港	0.74/2.69 0.22/0.84 0.05/0.18	0.99/2.09 0.35/1.02 0.19/0.22

表 3.2-5　南、北支实测潮期总涨、落输沙量及分沙比

施测日期	潮别	南北支总输沙量（万 t）	南支占比（%）	北支占比（%）	南北支净输沙量（万 t）	南支占比（%）	北支占比（%）
1978年8月5日至7日	涨	124.76	43.1	56.9	57.6	133.3	−33.3
	落	182.4	71.6	28.4			
1984年8月28日至9月4日	涨	1191.058	62.3	37.7	1082.9	108.2	−8.2
	落	2274.00	84.1	15.9			
1988年3月3日至11日	涨	302.99	70.9	29.1	191.8	124.2	−24.2
	落	494.83	91.6	8.4			
2002年9月22日至31日	涨（大潮）	52.7	52.2	47.8	59.3	121.1	−21.1
	落（大潮）	112	88.6	11.4			
	涨（中潮）	25.2	57.6	42.4	45.7	104.5	−4.5
	落（中潮）	70.87	87.8	12.2			
	涨（小潮）	4.92	84.7	15.3	25.2	92.7	7.3
	落（小潮）	30.16	91.4	8.6			

续表

施测日期	潮别	南北支总输沙量(万t)	南支占比(%)	北支占比(%)	南北支净输沙量(万t)	南支占比(%)	北支占比(%)
2007年7月16日至25日	涨(大潮)	51.1	72.8	27.2	157.8	99.4	0.6
	落(大潮)	208.9	92.9	7.1			
	涨(小潮)	0.21	92.8	7.2	83.1	96.1	3.9
	落(小潮)	83.35	96.1	3.9			
2009年5月9日至10日	涨(大潮)	31.5	59.4	40.6	39.89	112.0	−12.0
	落(大潮)	71.39	88.8	11.2			
2010年4月14日至15日	涨(大潮)	30.8	62.0	38.0	25.4	124.4	−24.4
	落(大潮)	56.2	90.2	9.8			

3. 潮汐

(1) 潮位

北支河段位于长江口潮流界内,潮汐性质属非正规半日浅海潮。潮位每天两涨两落,日潮不等现象较明显。一般涨潮历时约4小时左右,落潮历时约8小时左右,一涨一落平均历时约12小时25分。年最高潮位往往是天文潮、台风两者组合作用的结果。本工程下游约12 km处为连兴港潮位站,上游约1 km处有三条港潮位站,其潮位特征值统计见表3.2-6。其中最高潮位发生在1997年8月18日(阴历七月十六日,11♯台风于当日影响该地区)。

表3.2-6　北支主要控制站潮位特征值　　　　　　　　(单位:m)

站名	最高潮位	出现日期	最低潮位	出现日期	最大潮差	最小潮差	平均潮差
青龙港	4.68	1997年8月18日	−2.13	1961年5月4日	5.05	0.05	2.68
连兴港	4.34	1997年8月18日	−2.38	1987年2月28日	5.80	0.09	2.94
三条港	4.57	1997年8月18日	−2.39	1969年4月5日	5.63	0.06	3.07

(2) 潮波

长江口北支河段的潮波是由外海传播来的潮汐引起的谐振波,在口外存在着东海的前进潮波和黄海的旋转潮波两个潮波系统,其中东海的前进潮波对该河段的影响较大。口外潮波传入长江口后逐渐发生变形,潮波变形程度越向上游越大,导致北支河段潮位、潮差和潮时沿程发生变化。潮时自河口愈向上游,涨潮历时愈短,落潮历时愈长,落潮历时大于涨潮历时。由于北支是一个喇叭形河口,愈向上游河宽愈窄,导致北支潮差由口门往内逐渐增大,过灵甸港后又逐渐减小。

(3) 潮量

1949年以来北支分流比逐渐减小,目前洪季涨潮在10%左右,洪季落潮在4%左右;枯季涨潮在7%左右,枯季落潮在3%左右。长江口地区潮流量大小随天文潮和上游径流大小而变化。南支无论涨潮量还是落潮量均大于北支。南支河段落潮量大于涨潮量,以落潮流占主导地位。北支河段自1958年以来已演变为涨潮流占优势的河道,开始出现水、沙、盐倒灌南支的现象。20世纪80年代,北支倒灌南支程度有所缓和,20世纪90年代后,北支倒灌南支程度又有所加剧。

3.2.4 河道防洪标准

根据《长江流域综合规划(2012—2030年)》,长江口河段的防洪(潮)标准为:崇明岛城市化地区堤防按200年一遇高潮位加12级风标准建设;崇明岛其他堤防、江苏长江口干堤按100年一遇高潮位加11级风标准建设,拟建码头工程附近100年一遇设计高潮位4.93 m。根据苏水计〔1997〕210号文件,江苏省100年一遇洪潮水位加10级风浪的设计标准,沿线相应的设计洪潮水位为:青龙港4.86 m,三条港4.94 m。由此内插得出拟建码头工程附近100年一遇设计洪水位为4.92 m。本工程段防洪标准按100年一遇高潮位加11级风标准,设计洪水位确定为4.93 m。

3.3 现有水利工程及其他设施情况

3.3.1 现有水利工程情况

1. 堤防工程

拟建码头工程地处长江口北支中段右岸,对应启东市启隆镇段主江堤桩号范围K14+770~ K14+881。该段江堤等级标准为2级,堤顶宽度6~8 m,堤顶高程为6.30 m,防洪墙顶高程为7.10 m,迎水坡、背水坡坡比1:2.5。启东市启隆镇江堤达标工程于2004年启动,全镇江堤总长22.4 km。根据江苏省2013年水利普查资料,启隆镇段主江堤防洪标准为50年一遇潮位加 10 级风组合,设计防洪水位为 4.73 m。

2. 河道整治工程

为抵御水流的冲刷和风暴潮的侵蚀,北支河段两岸兴建了大量的护岸保滩工程,主要包括海门、启东的丁坝护岸工程、青龙港沉排护岸工程以及崇明岛沿岸的护岸工程。

北支北岸在 20 世纪 80 年代左右,为抵御涨潮流对岸坡的冲刷,实施了大量的丁坝护岸工程。近年,日新闸段(桩号 385+000)、三条港段(435+000)分别实施了约 3.5 km、0.4 km 护岸工程。近五年,北岸三条港至连兴港一带兴建了众多造船企业,沿江企业采用灌砌、抛石等方式对岸线进行了守护。以海门境内为例,2006 年在灵甸港闸进行了两侧抛石护岸,守护长度约 2 170 m。2008—2009 年间,又修复了大新河处 35 号丁坝,加固了灵甸港闸口上下游 500 m 内的护岸工程。

北支南岸护岸工程主要位于跃进闸至界河闸一带,跃进闸桩号 215+279~219+911 段一带建有顺坝护岸,顺坝长度为 35~155 m,间距约为 500~600 m,坝顶高程为 2.0~4.7 m,坝顶宽度一般为 2.0 m,内外坡比均为 1∶2,坝面结构以干砌石为主;界河闸桩号 200+015~205+815 范围内建有顺坝护岸,顺坝长度为 35~155 m,间距约为 40~95 m,坝顶高程为 1.5~4.5 m,坝顶宽度一般为 2.0 m,内外坡比均为 1∶2,坝面结构以干砌石为主。

新村沙水域河道整治工程是北支近年来规模较大的整治工程,且与本项目拟建码头距离较近。该工程主要由新村沙北堤工程、北堤北缘疏浚工程和右汊综合整治工程三部分组成。其中新村沙北堤全长约 19.851 km,成陆面积区域约 14.15 km^2;北堤北缘疏浚工程全长约 13.54 km;右汊综合整治工程包括围区南缘堤防工程和进出口节制闸工程,堤防长 11.541 km,节制闸 2 座。

新村沙水域河道整治工程已于 2014 年竣工验收。其中新村沙北堤与右汊进出口节制闸为临江工程。新村沙北堤堤顶高程 7.5~7.6 m,防浪墙顶高程 8.0~8.2 m,堤顶宽度 7.5 m。堤外侧采用二级平台三级边坡,一级平台高程为 1.5 m,宽度为 10.0 m;二级平台高程为 4.5 m,宽度为 5.0 m;斜坡三级边坡坡度均为 1∶3,一级平台及其以上部分采用灌砌块石防护,一级平台以下采用抛石防护。堤内坡设一级边坡,坡度为 1∶2.5,采用草皮护坡。右汊进口节制闸单孔净宽 10 m,U 形闸室结构,底板顶面高程为 −2.20 m,闸顺水流方向长度为 26 m,设计排涝流量 78.3 m³/s;出口节制闸净宽 42 m,分为三孔,单孔净宽 14 m,边孔为通航孔,U 形闸室结构,闸底板高程－2.2 m,设计排涝流量 328.7 m³/s。

3. 涵闸工程

北支两岸存在多处通江口门,北岸有海门港、圩角港、青龙港、连兴港等 15 处主要通江口门;南岸有牛棚港、界河闸等 10 余处主要通江口门。主要通江口门基本情况见表 3.3-1。

表 3.3-1　工程附近北岸主要通江口门基本情况

序号	名称	结构型式	孔数	闸孔尺寸(宽×高)(m×m)	设计流量(m³/s)
1	灵甸港	胸墙式＋开敞式	3	(8+2×3)×9.0	(排)203　(引)210
2	三和港	胸墙式	3	12×0.0	69.2
3	红阳港	胸墙式	3	15×0.0	90
4	灯杆港	胸墙式	1	6×4.0	36
5	三条港	胸墙式	1	5×0.3	30.5

北支南岸原有各通江水闸中,六十八窕闸与拟建码头距离最近,中心线位于拟建码头上游侧 30 m,为单孔开敞式节制闸,目前已废弃。在六十八窕闸西侧新建新河港闸,同样为单孔开敞式节制闸,其东侧港堤背水侧坡脚位于拟建码头上游侧 57 m。2014 年新村沙河道综合整治工程完成后,新村沙并岸成陆,新村沙右汊保留水域由上、下口新建节制闸控制,因此该段主要通江口门为新村沙右汊新建上、下口闸,均为 2 级水工建筑物,上口节制闸净宽 10 m(1 孔),位于拟建码头上游约 6.2 km 处;下口节制闸净宽 42 m(设 3 孔,单孔宽 14 m),位于拟建码头上游约 17.3 km 处。北支南岸与拟建码头距离相对较近的还有二通港闸,位于拟建码头下游约 5.1 km 处,亦为单孔开敞式节制闸。各闸基本情况见表 3.3-2。

表 3.3-2　工程附近南岸主要通江口门基本情况

序号	名称	结构形式	孔数	闸孔尺寸	备注
1	六十八窕闸	开敞式节制闸	1	宽 5 m	已废弃
2	新河港闸	开敞式节制闸	1	宽 5 m	在建
3	新村沙右汊下口闸	开敞式节制闸	3	单孔宽 14 m	
4	二通港闸	开敞式节制闸	1	宽 2 m	

根据《江苏省长江防洪工程管理办法》，长江防洪工程的管理范围为：

①河道：两岸堤防之间的水域、沙洲、滩地（包括可耕地）、行洪区，两岸堤防及护堤地；无堤防河段为历史最高洪水位线向外十米；

②江堤（含洲堤、港堤）：背水坡有顺堤河的以顺堤河为界（含水面），没有顺堤河的堤脚外不少于十米；通江河道建有涵闸的，闸外港堤按江堤管理；通江河道没有建涵闸的，从入长江的河口向上五百米至二千米的港堤按江堤管理；

③涵闸站：小型涵闸站上下游河道、堤防各一百五十米至三百米，左右侧各五十米至一百五十米。

与拟建码头相距较近的水利工程中，启隆镇段主江堤管理范围为背水侧坡脚外15 m，六十八窑闸及在建新河港闸均为小型闸，管理范围为水闸左右侧各50 m。目前六十八窑闸已废弃，新河港闸在建，因此，拟建临时码头的平台及引桥位于长江河道及主江堤管理范围内，在新河港闸管理范围外；码头堆场位于江堤及新河港闸管理范围外，见图3.3-1。

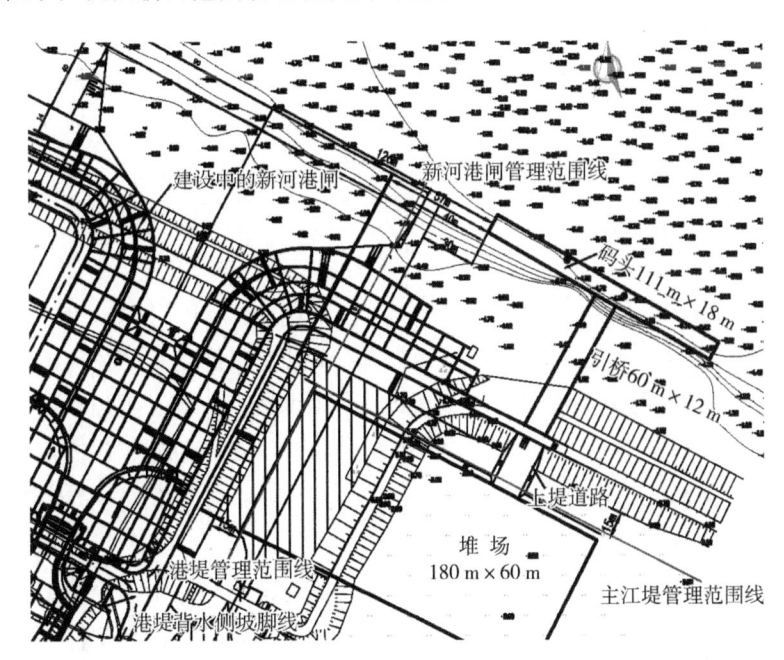

图 3.3-1 拟建码头附近水利工程及管理范围

3.3.2 新河港闸立项及六十八窕闸废弃情况

根据《崇明岛域水利规划修编》(2011年8月),为缓解崇明北部向长江口北支排水困难,规划新河港从新河港南闸(长江南支)至新河港北闸(长江北支),总长约19.2 km,其中约2.2 km河道及新河港北闸在江苏启东启隆镇境内。2014年9月,上海市发展和改革委员会以沪发改环资〔2014〕152号文件对崇明新河港北延伸段河道整治工程项目建议书予以批复,并要求崇明县水务局作为新河港北闸建设运行主体与启东市协商做好项目前期工作。随后崇明县水务局与启东市就该事项达成协议,新河港北闸在启东市发改委立项并办理规划、用地等相关审批手续。2014年10月,启东市发展和改革委员会以启发改投〔2014〕132号文件对新河港北闸工程项目建议书予以批复。2015年8月,上海市水利工程设计研究院编制完成《崇明新河港北延伸段配套工程初步设计报告》并通过审查,方案为在崇明岛江苏境内疏挖河道,与上海境内排水河道接顺,将排水河道向西拓宽,北段约560 m河道西移(位于原河道西侧),在原排水闸(即六十八窕闸)西侧建新河港北闸,原闸的闸身、翼墙、护坡、护底等结构均拆除,并将原闸下游河道回填。目前,根据崇明新河港北延伸段配套工程的实施安排,该工程河道疏挖已开始施工,原排水闸六十八窕闸经报请启东市水行政主管部门同意,已正式废弃。

3.3.3 其他设施情况

1. 航道整治工程

长江口北支是长江口河段的一级汊道,历史上曾经是长江径流的入海主通道。北支航道历史上曾开通过上段航道,20世纪50年代初开始设置助航标志,航道里程46 km,20世纪80年代延伸到58 km。后随着北支上口逐渐淤浅,1999年起,部分助航标志停止发光,至2001年2月21日撤销浮标,暂停岸标发光,改设昼标。

2008年10月,长江航道局开始进行一期航标恢复性工程建设。一期工程实施后,为了充分利用自然航道条件,北支口—连兴港航道设置为小轮航道,不具体规定航道维护水深和航道尺度要求,船舶在本河段通过乘潮和参考最新航道测图航行。

为进一步服务沿江经济,服务长江航运,服务流域百姓,长江北支水道航道实施完成航标建设二期工程(北支口—连兴港),航道长度 80.0 km。长江北支水道航道维护尺度自 2009 年 5 月 20 日起正式试运行,分别为北支口—灵甸港段维护自然水深,航行船舶按照航道测图与推算潮位,结合航标设置情况选择航路;灵甸港—红阳港段维护水深为理论最低潮面下 2.5 m,航宽 200 m;红阳港—吴淞港段维护水深为理论最低潮面下 3.0 m,航宽 400 m;吴淞港—连兴港段维护水深为理论最低潮面下 5.0 m,航宽 250 m,且以航道部门最新航道通电和航行通告为准。

北支下段深槽北靠,主航道为启东港入海航道。该航道上起三条港,下至北支口外,全长 25.8 km,航道宽度 300 m,设标宽度 400 m,候潮通航水深 8.2 m。目前可满足 10 万 t 级空载船舶,以及 3 000 t 级运输船的通航,该航道于 2006 年建设,采用双侧布标法布设航道标志,设置了 30 座钢结构的深水航标和 2 座雷达应答器。启东港入海航道位于 7 万 t 级舾装码头前沿 44~137 m 处。

2. 桥梁

在拟建码头下游约 10 km 处为崇启大桥。该桥全线设计双向 6 车道,全长 52 km,其中上海段接线道路长 28.52 km,长江大桥长 2.48 km;江苏段长江大桥长 4.67 km,接线道路长 18.52 km。该工程 2008 年 12 月 26 日上海段正式开工建设,2009 年 2 月 28 日江苏段开工建设,2011 年 12 月 24 日建成通车。

3. 汽渡

距拟建码头上游约 19.5 km 处有临永汽渡,航行路线为左岸灵甸港至右岸鸽笼港,左右岸各建 14 车渡船码头 1 座,于 2010 年底开始运行;此外,距拟建码头上游约 5.5 km 还有红阳港—兴隆沙汽渡。

3.4 水利规划及实施安排

3.4.1 《长江流域综合规划(2012—2030 年)》

根据国务院 2012 年 12 月批复的《长江流域综合规划(2012—2030 年)》,长江口规划方案相关部分内容如下:

1. 长江口治理开发与保护布局

本河段治理开发与保护的任务是防洪(潮)与水利排灌、航运、河道治理、水土资源和岸线资源开发利用、江砂控制利用、水资源与水生态环境保护,通过工程与非工程措施,以稳定河势为重点,维护深水航道和其他基础设施的安全运行,保障防洪(潮)安全,合理开发利用水土资源和岸线资源,保护水资源与水生态环境。

2. 防洪(潮)

长江口各堤段近期防洪(潮)标准为:江苏省长江口堤防100年一遇高潮位遇11级风;上海市长江口南岸(含宝山区和浦东新区)、长兴岛堤防及崇明岛城市化地区堤防按200年一遇高潮位遇12级风标准建设;横沙岛堤防、崇明岛其他堤防按100年一遇高潮位遇11级风标准建设。上海市宝山区、浦东新区、长兴岛及崇明岛城市化地区堤防工程等级为1级,长江口其他堤防工程等级为2级。根据新的防洪(潮)标准对堤防进行加高加固,并对迎流顶冲段实施护岸工程。

3. 河道治理

北支近期采用中下段中缩窄方案,并适当疏浚进口段,减轻北支咸潮倒灌,延缓北支淤积速率,维持北支引排功能,适当改善北支航道条件,远期进一步研究北支下口建闸或其他可行方案;实施顶冲段以及河道整治工程实施后可能受冲段的护岸保滩工程。

3.4.2 《长江流域防洪规划》

1. 长江口地区防洪标准

河口段(徐六泾以下)洪灾受径流影响较小,主要受台风暴潮影响,故应根据保护对象重要性,依据《防洪标准》分别确定。江苏省长江口堤防防洪(潮)标准为100年一遇高潮位遇11级风;上海市宝山区、浦东新区防洪(潮)标准为200年一遇高潮位遇12级风,其余堤段均为100年一遇高潮位遇11级风。

2. 堤防规划

根据研究,划分长江中下游干流各堤防级别,荆江大堤、无为大堤、南线大堤、汉江遥堤以及沿江重点城市防洪堤防等为1级堤防。松滋江堤、荆南长江干堤、洪湖监利江堤、岳阳长江干堤、四邑公堤、粑铺大堤、黄广大堤、同马大堤、广济圩江堤、枞阳江堤、和县江堤、江苏长江干堤等为2级堤防。

由于长江中下游不同标准、不同级别的堤防采用的是同一设计洪水,而某一段堤防的标准与上、下游及对岸的防洪密切相关,因此长江中下游堤防堤顶超高确定,必须从中下游整体防洪角度,参照《堤防工程设计规范》拟定。根据多年研究,拟定长江中下游流1级堤防堤顶超高为2.0 m,2级及3级堤防堤顶超高为1.5 m,其他堤防超高1.0 m。

3.4.3 《江苏省防洪规划》

1. 规划近期目标

流域防洪:长江干流能够全面防御1954年型洪水,河口段及重要城市、开发区段干堤达到防御100年一遇洪潮水位,干流河势得到基本控制,重点险工段和节点岸段保持基本稳定。

2. 规划远景展望

流域防洪标准:长江全面达到100年一遇,河势得到控制,岸线基本稳定。

3. 堤防工程

主要工程:①巩固完善江堤达标工程,对一些堤段出现堤后脱坡、堤身堤基管涌或严重渗漏险情的,采取填塘固基、堤身灌浆、堤基处理等工程措施,分别达到1、2、3级堤防质量标准;②在江堤达标基础上,堤身断面基本满足要求的,加高堤顶高程以新建、接高防浪墙为主;堤身断面不满足要求的,有条件的堤段进一步加大加高堤身断面,巩固堤身堤基;缺乏条件的加筑防洪墙。计划接高防浪墙310 km,新建防浪墙1 065 km。城市段堤防按城市防洪规划要求建设;③未达标准的闸外港堤继续进行加固,敞口的通江支河,以加固支河堤防为主,个别河口增建控制工程;④进一步完善通江穿堤建筑物的加固和部分改建工程,特别是不彻底的小型建筑物的加固,全面达到规范规定的标准。

3.4.4 《长江口综合整治开发规划》

根据国务院2008年3月印发的《长江口综合整治开发规划》,长江口河势规划目标如下:

1. 近期河势控制目标

在维持长江口目前三级分汊、四口入海的基本格局前提下,加强徐六泾节点的束流、导流作用,长期维持白茆沙河段南北水道—10 m槽皆贯通、南水道为主汊的河势,控制并稳定南北港分流口及分流通道,维持南港为主汊的河势格局,为南北港两岸岸线的开发利用及南港北槽深水航道的安全运行创造有利条件。减轻北支水、沙、盐倒灌南支,为沿江淡水资源的开发利用创造有利条件。减缓北支萎缩速率,维持北支引排水功能,适当改善北支航道条件。

2. 远期河势控制目标

进一步稳定长江口河段的整体河势,在保证南港为主汊的条件下,使南北港朝微弯单一、上段主流偏北、下段主流偏南的河道形态方向发展,为北港的岸线利用和北港航运条件的改善创造有利条件。改善南槽水深条件,为南槽的航运发展和南汇岸线的开发利用创造有利条件。结合远期治理,进一步减轻或逐步消除北支水、沙、盐倒灌南支,进一步改善北支航运条件。

3.4.5 《长江岸线保护和开发利用总体规划》

根据水利部、国土资源部2016年9月印发的《长江岸线保护和开发利用总体规划》,永隆沙(海门、启东)、兴隆沙16.24 km长岸线是为生态环境保护划定的岸线保留区,属于生态敏感区内的岸线保留区,在开发利用上要求作为生态保留岸线加以控制。

3.4.6 《江苏省长江堤防防洪能力提升工程建设前期工作技术指导意见》

根据江苏省水利厅苏水计〔2015〕20号文件印发的《江苏省长江堤防防洪能力提升工程建设前期工作技术指导意见》,堤防防洪能力提升工程相关部分内容如下:

1. 建设任务和建设内容

建设任务是在已实施的江堤达标建设基础上,按照规划确定的防洪标准,对主江堤、港堤、洲堤堤防及穿堤建筑物进行加固、消险;结合城镇开发进行生态建设和环境整治;畅通防汛道路、完善安全监测设施;明确管理、保护范围和管理职责,全面提升长江堤防防御洪潮能力和管理水平。建设内容主要包括堤身、护岸、穿堤建筑物除险加固,管理设施建设等。

2. 建设标准

主江堤、港堤防洪标准达到100年一遇。对近年刚完成新一轮加固及已建重要基础设施的特殊地段(河口段、重点城市和开发区段除外),江堤防洪能力要求全面达到《长江流域综合规划》标准(即97江堤达标建设采用标准)。

南京主城区段主江堤为1级堤防,其他主江堤及太平洲洲堤为2级堤防,闸外港堤及无闸港堤近江段级别与主江堤相同。其他洲堤级别根据防洪标准确定。

3. 建设方案

1) 堤身加固方式根据存在问题的复核论证、堤身内外地形地貌和土地开发利用形式等,经技术、经济比较后确定。

(1) 堤身断面

①堤顶高程及宽度。设计堤顶高程由设计洪(潮)水位加超高确定。南通九圩港、张家港十二圩港以下段主江堤堤顶超高为11级风波浪爬高加风壅高度和安全加高,一般不低于2.5 m。1级堤防设计堤顶宽度不小于8 m,2级堤防设计顶宽不小于6 m。

②堤坡及戗台。堤坡须经稳定计算复核。其中迎水坡一般为1:3,背水坡一般为1:2.5。堤身高度超过6 m时,背水侧宜设置戗台,戗台宽度不小于1.5 m。

③堤身断面加固。沿现状堤防加固的主江堤,应按上述要求复核堤身断面,确定堤顶高程、堤顶宽度、堤身结构与加固方案。该线段主江堤按上述设计堤顶高程、堤顶宽度及堤坡确定堤身断面。

现状堤顶高程及宽度不满足要求的堤段,加固时一般采用加高、加宽土堤以满足堤身断面要求。对于堤前有超过警戒水位的较宽滩地或开发利用平台的限制性堤段,经复核计算,可适当降低堤顶超高,但不小于1.5 m(其中南通九圩港、张家港十二圩港以下段不小于2.0 m),相应土堤顶面宽度不小于8.0 m。

受筑堤土源、场地限制或现有堤顶已建有较高标准防浪墙及交通路面的堤段,可设防浪墙达到设计堤顶高程,防浪墙净高不宜超过1.2 m,土堤顶面高程应高于设计洪水位0.5 m以上,土堤顶面宽度不小于8.0 m。

(2) 堤身、堤基。经调查分析和复核计算,对不能满足抗滑、防渗稳定的堤段及运行过程中出现过滑坡、渗漏等险情的堤段,采取填塘固基、增设戗台、堤身(堤基)防渗处理等工程措施进行加固。

2) 各类构筑物与堤防的连接。与堤防交叉的各类构筑物宜选用跨越的形式,需要穿堤的,应合理规划并减少其数量。已有的临堤、穿堤及跨堤构筑物,应复核其对江堤防洪能力的影响,并提出相应加固处理措施。

码头、栈桥、道路等临堤或交叉构筑物与堤防连接时,不应降低堤顶高程,不得削弱堤身设计断面。设置闸口堤段,闸口门槽底高程不低于设计洪水位,码头堆场与堤脚距离不小于 10 m,企业围墙等设施应位于堤防管理范围以外。

3.4.7 《崇明岛域水利规划修编》

根据《崇明岛域水利规划修编》(2011 年 8 月),规划新河港从新河港南闸(长江南支)至新河港北闸(长江北支),总长约 19.2 km,其中北横引河以南段 14.9 km 已按规划整治实施完成,北横引河以北段长约 4.3 km,其中约 2.2 km 在江苏启东境内,因涉及跨省市用地等问题,至今未实施完成。

3.4.8 《崇明新河港北延伸段配套工程初步设计报告》

近年来,为缓解崇明北部向长江口北支排水困难,崇明县拟实施新河港北延伸段河道整治工程及配套工程。2014 年 12 月,崇明县水务局委托上海市水利工程设计研究院编制完成《崇明新河港北延伸段河道整治及配套工程可行性研究报告》,2015 年 3 月通过了上海市发展和改革委员会组织的审查。根据可研评审意见,2015 年 8 月上海市水利工程设计研究院编制完成了《崇明新河港北延伸段配套工程初步设计报告》。

根据设计报告,工程方案为:在江苏境内疏挖河道,与上海境内排水河道接顺,将排水河道向西拓宽,北段约 560 m 河道西移(位于原河道西侧),在原排水闸(即六十八窎闸)西侧建新河港北闸。新闸顺水流向中心线与堤基本垂直,与原闸顺水流向中心线相距 102 m。新建闸需填筑堤与原堤封闭、与防汛道路及管理区连接,新建堤 853 m。下游新建堤共长 642 m,与原江堤连接,为土堤,顶高程 8.00 m(吴淞高程,本节下同),外河侧布置钢筋砼挡浪墙,墙顶高程 9.20 m,并布置 8 m 宽的沥青砼道路。上游新建堤共长 211 m,西侧 108 m 与河道西岸防汛道路连接,堤顶宽 7 m,高程 4.05~8.00 m,东侧 103 m 与东岸管理区连接,堤顶宽 6~8 m,高程 4.00~8.00 m。原闸的闸身、翼墙、护坡、护底等结构均拆除,并将原闸下游河道回填至高程 4.50 m。目前崇明新河港北延伸段配套工程已开始施工,六十八窎闸经报请启东市水行政主管部门同意,已正式废弃。

3.5 河道演变

3.5.1 历史演变概述

二千多年以前，长江河口在今镇江、扬州一带。镇扬以下为喇叭型河口湾，南、北两嘴之间的距离宽达 180 km。随着上游大量泥沙下泄，河口不断东移。公元 503—556 年，在后来形成的崇明岛以北的大海中淤涨出东洲和布洲，两洲后来合并为东布洲，设海门县。海门县于 1054—1056 年与通州东南境内相连，并不断往西南淤涨至狼山，初步形成北支北岸岸线。此时，构成北支右岸的崇明岛，正处于萌芽状态，最早出现了东、西二沙（公元 751 年）。1025 年左右，西沙西北继续淤涨出姚刘沙。1101 年在姚刘沙西北隔水 25 km 处，又涨出新沙，故名三沙，也称崇明沙。

1350—1670 年的三百余年间，北岸岸线大幅崩退，其中 1436—1503 年的崩塌尤为剧烈。在北岸大坍的同时，崇明岛经历了大动荡、大发展的时期。在这一时期，发生了姚刘沙坍没，崇明沙、马家浜和平洋沙相继淤涨、消失以及长沙的形成。长沙自形成以后不断发展壮大，逐渐兼并周围的小沙，至 1670 年发展为单一的大岛屿，形成今崇明岛的雏形。1670—1842 年，左岸岸线大幅淤涨，岸线最大外移 16 km。同时北支口外又淤涨出大沙岛——米太沙，北支进口口门中央也淤涨出灵甸沙。1842—1860 年，北岸岸线继续淤涨，米太沙、灵甸沙并靠北岸，北岸形成开口向西的大"Ω"形岸线。同时米太沙外又淤涨出寅田、陈村等十余个小沙洲，这些沙洲于 1912 年全部并入北岸。至此，北支北岸近代岸线形成。

在南、北支形成的过程中，长江口的主流也经历了较大的动荡，14 至 17 世纪北支北岸大坍的时期，长江主流经北支入海，后来主流逐渐南移，18 世纪以后改道南支，导致北支径流减少，沙洲大面积淤涨，北支河宽逐渐缩小。

19 世纪末至 20 世纪初，上游通州沙水道主流走西水道，长江主流经浒浦、徐六泾一线下泄，在老茜沙头分为两股水流分别进入白茆沙南、北水道，其中一股水流直指北支，当时北支进流条件较好，分流比约 25%左右，−5 m 槽贯通全河段。随后，由于上游澄通河段海北港沙水道主流由北水道改走南水道,导致下游通州水道主流改走东水道,徐六泾一线顶冲点下移,相应通海沙、江心沙、老白茆沙发展壮大,使北支口门宽度从 1907 年的 6 300 m 缩窄至 1958 年的 3 000 m。口门宽度的缩窄使北支上口进流条件恶化,进入北支的径流减少,河槽淤积。据统计,1915—1958 年,北支两堤之间的面积缩小 23.2%,吴淞基面 4.5 m 以下河床共淤积 14.54 亿 m^3,容积减少 27%。至 1958 年,分流比已减至 8.7% 左右。由于落潮流不断减弱,涨潮流增强,北支逐渐演变为涨潮流占优势的河道。至此,北支河道现代河势格局基本形成。

3.5.2 河道近期演变

20 世纪 50 年代以后,北支是一条涨潮流占优势的河段,在科氏力的作用下,涨潮流偏向河道的北岸。由于北支北岸为近代河流沉积物,抗冲性较差。北岸在涨潮流的冲刷下,岸线不断北移。1953 年以前,北岸大新港以上、灯杆港以下,岸线最大后退幅度分别达 2.2 km、4.4 km。南岸岸线则呈往北淤涨趋势;1953—1958 年,北岸除三和港至头兴港以外,其余地段岸线继续北移,但幅度有所减少;1958—1984 年,北岸岸线继续全线后退,南岸岸线呈淤涨的趋势,其中南岸界河闸至长江水闸一线淤涨幅度最大,如永隆沙段由于沙岛并岸,岸线最大淤涨了 3.2 km。

北支 1984 年以后两岸的岸线变化幅度远远小于 1984 年以前。其主要原因是 20 世纪 50 年代至 80 年代初是北支历史上淤积萎缩最快的时期,河道中的沙洲先后并岸,导致河宽缩窄幅度较大。1984—1991 年,经过多年护岸工程的防护,两岸岸线基本无变化;1991—1998 年,海门港至青龙港段由于圩角沙的围垦,岸线南移;另一处是灵甸港至三和港,由于老灵甸沙并北岸,岸线也往南移。南岸则有新跃沙边滩向北淤涨,兴隆沙并岸以及崇明岛北缘边滩实施了围垦,使得岸线整体北移。

1998—2001 年,两岸岸线基本无变化。2001—2005 年,黄瓜二沙头部左缘与尾部右缘分别实施了堵坝工程,黄瓜二沙形成了上接兴隆沙,右与崇明岛相连的格局。2004 年前后,灵甸港上游及灯杆港附近实施了圈围,面积为 6.79 km^2。2006—2007 年,海门港附近实施了岸线整治工程,圈围面积约为 1.63 km^2,崇头对岸岸线外移了 140 m,导致北支进口进一步缩窄。2006—2010 年,三条港至连兴港长约 18 km 的范围内逐步实施了岸线整治工程,围垦面积约 2.66 km^2,岸线平均外推约 150 m。在 1984—2010 年的近 26 年间,北支岸线外移幅度较大,北支的平面形态已由过去的沿程展宽束窄变为现在的上、中段为宽度不同的均匀直段,中间由宽度均匀的弯段连接,下段则为展宽段。随着河道的围垦缩窄,北支两岸堤外的河漫滩逐渐减少。

根据北支中段新村沙右汊萎缩、沙体并靠南岸的演变趋势,2011—2013年,新村沙水域河道综合整治工程实施。该工程按照新村沙水域约1.9 km的合理河宽(与北岸启东主江堤的间距)以及与南岸崇明岛堤防平顺衔接的原则布置治导线。新村沙水域治导线基本沿新村沙沙脊布置,沿治导线修建北堤作为保护堤,将新村沙部分并靠南岸成陆,北堤起点位于海门市星岛种猪公司附近,终点位于富隆村,全长约19.851 km。同时,结合新村沙今后开发利用的需要,在围区成陆区域南缘新建一道南堤,新建南堤基本与对岸崇明岛堤防平行,长11.541 km。

1958—1978年,北支进口实施了江心沙围垦及江心沙北水道封堵工程。江心沙北水道封堵以前,南支落潮流分别从江心沙南、北水道进入北支;北水道封堵后,进入北支的水流通道减为一条;江心沙并岸以后,北支进口与南支主槽的交角接近90°,北支上段进流条件大大恶化。这一时期,北支上段成为淤积最严重的区域,-2 m以下河槽容积减小幅度达46.2%。1978—1984年,东方红农场西南角崩塌,北支上段因为径流条件短暂改善,出现一定程度的冲刷,中、下段继续淤积萎缩。1984—1991年,由于南、北支汇潮点进入到北支大新港至三条港一线,该段淤积较严重,该区域淤涨出了灵甸沙群。1991—2001年,由于北支口门圩角沙实施围垦,进流条件再次恶化,上段-2 m以下河槽容积减小幅度达79.5%,但中、下段却开始出现不同程度的冲刷,至1998年以后,冲刷范围上延到灵甸港。2001—2003年,上段由于进口口门暗沙发展为上起崇头、下至新跃沙的大边滩,并不断向海门侧发展,导致海门一线深槽有较大幅度的发展。这一时期,北支上段出现冲槽淤滩的现象,河槽容积总体有所增加。2008年以后,北支上段河道最窄处缩至仅1 km左右,北支上段进口断面面积仅为1958年时的三分之一。据统计,2001—2003年,北支上段出现冲槽淤滩的现象,-2 m以下的河槽容积扩大95%。中段冲刷趋势有所减缓,下段则继续冲刷。2003年以后,北支上段冲淤基本平衡,但从其冲槽淤滩的趋势来看,其仍然是处于衰亡的过程中,0 m以上出水的滩涂大面积增加。北支中、下段又转向淤积,说明1991年以后该区域出现的冲刷趋势告一段落。

3.6 防洪评价计算

3.6.1 平面二维水流数学模型

本节采用平面二维水流数学模型,进行南通上岛置业有限公司拟建码头工程对河道行洪水位和流场影响计算,并对工程兴建前后河道水位和流速等的变化进行分析。综合考虑拟建工程所在河段河势、工程可能影响范围及水文资料等因素,考虑到南通上岛置业有限公司拟建码头工程规模较小,工程影响范围主要在北支河道区域内,因此本次数学模型计算主要针对北支河道进行,计算边界上起崇明洲头,下至连兴港,计算区域为该范围内的北支河道水域。计算区域上、下边界给定潮位过程,其潮位数据为长江口水文水资源勘测局实测水文数据。计算范围内,北支河段地形资料采用2015年3月实测的1∶10 000水下地形图。主要通过计算拟建工程兴建前后河道水位和流速的变化,评估拟建码头工程对长江行洪和河势的影响。工程影响计算的主要参数取值与二维数模验证计算取值相同。工程建设后主要通过改变工程局部河道地形和局部糙率来反映拟建工程对河道水位和流速的影响。本案例模型参照第2章案例,计算过程省略。

3.6.2 工程计算条件

拟建码头工程位于长江口北支中段右岸。北支目前已演变为涨潮流占优的河道,河道高潮位一般出现在台风与天文大潮遭遇时期。

为反映洪水期拟建工程对河道洪水位和流场的影响,选取工程河段9711风暴潮及2002年平水年两个条件进行计算。防洪影响计算水文条件说明如下:

(1) 9711风暴潮

1997年8月19号,由于受11号台风和天文大潮的共同影响,长江口地区出现历史最高潮位,对应大通流量为45 000 m^3/s。主要分析风暴潮条件下拟建码头工程的相关影响。

(2) 2002年平水年

模型计算时间为2002年9月21日至9月29日的一个实测潮流过程,包括一个完整的大、中、小潮周期,同期上游大通流量为 30 600～38 600 m³/s,相当于汛期平均流量,主要分析在中水流量条件下拟建码头工程的相关影响。

3.6.3 工程行洪影响分析

拟建码头工程对河道行洪影响计算主要包括:上述 2 组水流条件下工程建设前后计算河段所有二维计算网格节点处的水位、水深及垂线平均流速等成果。通过分析工程前后的水位及流速变化、拟建工程附近河段的水位和流场变化,来研究工程对河道水位、流速产生的影响。

1. 潮位影响分析

(1) 9711 风暴潮条件:工程建设后,拟建码头高潮位发生在涨潮流期间,码头下游侧最大壅水值 0.8 cm(码头下游面中点),水位壅高值大于 0.1 cm 的范围位于码头下游角点附近 220 m×160 m 的范围内;码头上游侧水位降低,最大降低值为 0.6 cm(码头上游面中点),水位降低值大于 0.1 cm 的范围位于码头上游角点附近 720 m×495 m 的范围内。

(2) 2002 年中水流量条件:工程建设后,拟建码头高潮位发生在涨潮流期间,码头下游侧最大壅水值 0.5 cm(码头下游面中点),水位壅高值大于 0.1 cm 的范围位于码头下游角点附近 150 m×120 m 的范围内;码头上游侧水位降低,最大降低值为 0.4 cm(码头上游面中点),水位降低值大于 0.1 cm 的范围位于码头上游角点附近 480 m×410 m 的范围内。

从近堤水位的变化值来看,工程建设后大堤近岸洪水位壅高值一般小于 1 cm,拟建工程对本河段行洪水位的影响较小。

分析上述数据可以看出,拟建工程阻水作用相对有限,对长江主河道水位影响较小。工程建设后高位的变化集中在拟建码头上、下游局部水域内,主要表现为涨潮流期间码头下游侧局部区域水位壅高,上游侧局部区域水位降低。

2. 流速影响分析

(1) 9711 风暴潮:工程建设后,码头前沿区域出现流速增加区,流速增加最大值为 0.06 m/s(涨急时刻、码头上游角点外侧),流速增加值大于 0.01 m/s 的范围位于码头前沿线外侧 700 m×720 m 范围内;拟建码头上、下游及内侧局部区域内流速减小,近区流速减小最大值为 0.39 m/s(涨急时刻、码头上游面中部),流速减小值大于 0.05 m/s 的范围位于码头下游角点至上游约 1 700 m×150 m 范围内。

(2) 2002 年中水流量条件:工程建设后,码头前沿区域出现流速增加区,流速增加最大值为 0.05 m/s(涨急时刻、码头上游角点外侧),流速增加值大于 0.01 m/s 的范围位于码头前沿线外侧 500 m×325 m 范围内;拟建码头上、下游及内侧局部区域内流速减小,近区流速减小最大值为 0.36 m/s(涨急时刻、码头上游面中部),流速减小值大于 0.05 m/s 的范围位于码头下游角点至上游约 1 150 m×90 m 范围内。

3. 流场变化分析

工程后,工程局部流速、流向变化不大,流速变化值一般小于 0.4 m/s,码头区域流向变化一般小于 6°,这些变化主要集中在码头平台附近区域,因此工程建设对工程段流场影响值不大,影响范围有限。总体上看,工程建设前后局部流场变化不大。

3.7 防洪综合评价

3.7.1 拟建工程与有关规划的关系及影响分析

1. 与河段综合规划关系

根据《长江流域综合规划(2012—2030 年)》,长江口河段治理开发与保护的任务是通过工程与非工程措施,以稳定河势为重点,维护深水航道和其他基础设施的安全运行,保障防洪(潮)安全,合理开发利用水土资源和岸线资源,保护水资源与水生态环境;北支河道治理近期采用中下段中缩窄方案,适当疏浚进口段,远期进一步研究北支下口建闸或其他可行方案;江苏省长江口与崇明岛非城市化地区堤防近期防洪(潮)标准为 100 年一遇高潮位遇 11 级风,根据新的防洪(潮)标准对堤防进行加高加固,并对迎流顶冲段实施护岸工程。

本工程为 1 000 t 级临时码头,工程规模较小,工程建设与所在河段综合规划的治理目标之间没有矛盾,符合综合规划的总体要求;与本工程拟建码头连接堤段位于崇明岛非城市化地区,现有堤防防洪标准为 50 年一遇潮位加 10 级风,规划要求按防洪(潮)标准 100 年一遇高潮位遇 11 级风进行加高加固,本工程已按该要求进行了配套设计,在码头建设时对与码头连接的局部堤段同步进行加高、加宽建设,使连接堤段达到堤顶高程 7.43 m、堤顶宽度 8.0 m,符合规划治理要求。

2. 与防洪规划关系

根据《长江流域防洪规划》与《江苏省防洪规划》,江苏省长江口堤防防洪(潮)标准为 100 年一遇高潮位遇 11 级风,本工程已按照该标准对与码头连接的局部堤段进行配套设计,使连接堤段达到堤顶高程 7.43 m、堤顶宽度 8.0 m,符合防洪规划中对堤防规划的要求。

3. 与河道整治规划关系

根据《长江口综合整治开发规划》,长江口近期河势控制目标是在维持长江口目前三级分汊、四口入海的基本格局前提下,加强徐六泾节点的束流、导流作用,长期维持白茆沙河段南北水道－10 m 槽皆贯通、南水道为主汊的河势,控制并稳定南北港分流口及分流通道,维持南港为主汊的河势格局,为南北港两岸岸线的开发利用及南港北槽深水航道的安全运行创造有利条件。减轻北支水、沙、盐倒灌南支,为沿江淡水资源的开发利用创造有利条件。减缓北支萎缩速率,维持北支引排水功能,适当改善北支航道条件。

本工程规模较小,数模计算表明工程建设后对河道水位及工程附近区域流场影响较小,对河段河势影响较小,与河道整治规划的河势控制目标没有矛盾,不会对该规划的实施产生不利影响。

4. 与岸线保护和开发利用规划关系

根据《长江岸线保护和开发利用总体规划》,永隆沙(海门、启东)、兴隆沙 16.24 km 长岸线是为生态环境保护划定的岸线保留区,岸线功能上属于生态敏感区内的岸线保留区,在开发利用上要求作为生态保留岸线加以控制。

本工程为小型临时码头,项目设计使用年限 8 年,使用期限总体较短,到期后予以拆除;项目建设规模小,占用岸线长度和水域面积都比较小,因此项目建设基本符合岸线保护和开发利用规划的总体要求。

5. 对江苏省长江堤防防洪能力提升工程实施的影响

根据《江苏省长江堤防防洪能力提升工程建设前期工作技术指导意见》,堤防主江堤、港堤防洪标准要求达到 100 年一遇,江堤防洪能力要求全面达到《长江流域综合规划》标准,南通九圩港、张家港十二圩港以下段主江堤堤顶超高为 11 级风波浪爬高加风壅高度和安全加高,一般不低于 2.5 m。现状堤顶高程及宽度不满足要求的堤段,加固时一般采用加高、加宽土堤以满足堤身断面要求。码头、栈桥、道路等临堤或交叉构筑物与堤防连接时,不应降低堤顶高程,不得削弱堤身设计断面。码头堆场与堤脚距离不小于 10 m,企业围墙等设施应位于堤防管理范围以外。

本工程已按该要求进行了配套设计,将码头连接堤段范围中防洪墙加高至 7.43 m,码头堆场与背水侧堤脚距离在 15 m 以上,对堤防防洪能力提升工程的实施没有不利影响。

6. 对崇明新河港北延伸段河道整治及配套工程实施的影响

根据《崇明新河港北延伸段配套工程初步设计报告》,新建新河港闸填筑堤与原堤封闭、与防汛道路及管理区连接,下游新建堤与原江堤连接,原闸的闸身、翼墙、护坡、护底等结构均拆除,并将原闸下游河道回填至高程 4.50 m(吴淞高程)。

本工程设计方案中已考虑了与对崇明新河港北延伸段河道整治及配套工程的衔接问题,拟建码头引桥与主江堤连接段起始桩号为 K14+770,位于新河港新建堤防与主江堤连接点下游侧 20.0 m,基本不会对新河港新建堤防的建设产生不利影响;拟建码头与新建新河港闸东侧港堤背水侧坡脚的距离为 57.0 m,拟建码头堆场二期工程在六十八窕港河口回填后实施,其西侧边缘距离新河港新建港堤背水侧坡脚 15.0 m,码头与堆场均不会对崇明新河港北延伸段河道整治及配套工程的实施产生不利影响。

3.7.2 拟建工程与现有防洪标准的适应性分析

《中华人民共和国河道管理条例》第十二条规定,桥梁和栈桥的梁底必须高于设计洪水位,并按照防洪和航运的要求,留有一定的超高。本工程处防洪设计水位为 4.93 m。

根据设计资料,码头顶面设计高程为 5.60 m,引桥接码头平台后桥面高程由 5.85 m 经 3‰坡度抬升至 7.65 m,引桥梁底高程 5.20~7.0 m,引桥底梁位于防洪设计水位之上,因此本工程建设满足现有防洪标准的要求。

3.7.3 拟建工程对长江行洪安全的影响分析

根据工程设计资料分析,在防洪设计洪水条件下,拟建工程最大断面阻水面积约为 100.1 m²,占用河道行洪面积的 0.3%,该面积比值不大,从定性上分析,拟建码头工程对河道行洪断面影响较小。

根据数模计算结果,工程建设后,其对河道洪水位的影响不大,拟建码头高潮位发生在涨潮流期间,码头下游侧最大壅水值为 0.8 cm,水位壅高范围位于工程下游约 220 m 内;拟建码头上游侧水位降低,最大降低值为 0.6 cm,水位降低范围位于工程上游约 720 m 内。工程建设后,对河道流场影响不大,拟建工程上、下游局部区域内流速减小,近区流速减小最大值为 0.39 m/s,流速减小范围位于工程上游 1 700 m 至下游 720 m 范围内。

因此,拟建码头建设后,其对河道水位及流场的影响均较小,影响范围有限,对河道断面流速分布影响很小。工程的建设不会对所在长江河道的行洪带来明显不利影响。

3.7.4 拟建工程对河势稳定的影响分析

根据近期河床演变规律分析的结果,新村沙水域河道综合整治工程实施后,工程段近岸−5 m 岸线以微冲为主,该处深泓、深槽从上至下由左岸逐渐过渡到右岸,深泓摆动趋于稳定,近岸河床处于微冲。由于新村沙整治工程归顺了附近河段涨落潮流路,附近水域的主流线将在较长时间内保持稳定,新村沙河段河势趋于稳定,因此拟建码头工程位置的水流、深槽将会基本稳定,近岸河床呈现微冲为主的态势。

拟建码头工程位于长江口北支中段右岸,六十八圩港下游侧,岸线较为顺直,断面形态较为稳定。工程建设后,码头上下游局部水流流向会有所改变,但由于工程阻水建筑物规模较小,工程局部水位和流速调整的幅度很小。计算表明,流速增加最大值为 0.06 m/s,流速减小最大值为 0.39 m/s,其影响局限在工程区域附近范围内,向主流区方向沿程递减,相对长江流量非常有限,对工程段河床的影响很小。同时,由于工程段离深泓线较远,且该段河势在新村沙整治工程实施后处于相对稳定的状态,河宽较宽,不会对近岸河床变化产生影响,不足以使河床冲淤变化性质发生改变,岸线仍将保持原有的基本稳定。

总体上看,工程建设引起的流速变化对工程段河势及近岸河床稳定没有不利影响。

3.7.5 拟建工程对防洪工程的影响分析

根据《中华人民共和国防洪法》和《中华人民共和国河道管理条例》,修建码头等工程不得危害堤防安全。

拟建码头工程所在长江大堤为 2 级堤防,现状堤顶宽度为 6~8 m,堤顶高程为 6.3 m,防洪墙顶高程为 7.1 m。根据《长江流域综合规划(2012—2030 年)》及《江苏省长江堤防防洪能力提升工程建设前期工作技术指导意见》,该段堤防按 100 年一遇高潮位遇 11 级风标准建设,堤顶超高不低于 2.5 m,根据设计高潮位 4.93 m,该段江堤加固后堤顶高程需达到 7.43 m。

本次设计方案拟建码头引桥与堤防衔接已考虑了堤顶加高的要求,结合拟建码头引桥搭接的需要,将堤顶与引桥连接处原有防洪墙拆除,增加钢筋砼台帽支承引桥。台帽宽度 1.5 m,顶面高程 7.43 m,台帽与引桥搭接段宽 0.5 m。台帽背水侧堤顶增加铺设沥青路面,顶面高程同样达到 7.43 m。为提高堤顶承载能力,台帽及沥青路面下方土堤顶部采用水泥搅拌桩加固处理,加固段与原有堤段间以 8‰ 斜坡平顺连接,确保堤顶可正常通行其他车辆。拟建工程已考虑了对应堤段防洪标准的提升,对防洪工程是有利的。

此外,新河港新建堤防将与主江堤在桩号 K14+750 处连接。本次拟建码头引桥对应主江堤段起始桩号为 K14+770,位于新河港新建堤防与主江堤连接点下游侧 20.0 m,基本不会对新河港新建堤防的建设产生不利影响。

3.7.6 岸坡、堤坡抗滑稳定复核计算

拟建码头距在建的崇明新河港闸较近。根据《崇明新河港北延伸段配套工程(水闸)岩土工程勘察报告》,SC-9 号勘探孔位于拟建码头引桥桥址处,因此拟建码头地质勘探资料可直接引用该勘察报告,本次抗滑稳定复核计算即按照该报告勘探资料进行计算。

根据《堤防工程设计规范》(GB 50286—2013),稳定渗流期抗滑稳定安全系数可采用有效应力法,计算指标采用快剪指标。计算方法可选用瑞典圆弧法或简化毕肖普法,本次采用瑞典圆弧法进行计算。土质边坡稳定按平面应变问题考虑,计算假定不考虑土条两侧的作用力。

根据《堤防工程设计规范》(GB 50286—2013),拟建工程所处岸坡、堤坡稳定分析计算工况选取为:一是中水水位(平均高潮位)骤降条件下,岸坡的稳定;二是设计枯水位(平均低潮位)条件下,岸坡的稳定;三是设计洪水位(百年一遇高潮位)骤降期江堤迎水坡的稳定。对码头建设后工况,将引桥及

车辆荷载简化为作用于堤身连接段局部的均布荷载,堤身断面参数按偏不利考虑,采用未做水泥搅拌桩加固的自然状态参数值。

计算水位:防洪设计水位 4.93 m,平均高潮位 1.67 m,平均低潮位 −1.27 m。计算荷载:引桥结构及 20 t 载重汽车。

《堤防工程设计规范》中对 2 级堤防抗滑稳定安全系数的要求为正常情况 1.25、非常情况 1.15,计算结果(表 3.7-1)表明,在考虑引桥及车辆荷载、堤身未做水泥搅拌桩加固的情况下,码头所在断面的岸坡、堤坡的稳定安全系数均满足规范要求。如采用水泥搅拌桩加固,堤身断面的抗滑稳定性将进一步提高,因此工程建成后堤防稳定性满足规范要求。

表 3.7-1　岸坡、堤坡抗滑稳定安全系数计算结果

计算工况	最小安全系数 工程前	最小安全系数 工程后
中水水位骤降 3 m,岸坡	3.678 8	3.314 3
设计枯水位,岸坡	3.560 0	3.213 0
设计洪水位骤降 3 m,迎水侧堤坡	2.261 5	1.851 2

3.7.7　拟建工程对其他水利工程及设施的影响分析

本工程上游侧 30.0 m 为六十八窵港河口,上游 57.0 m 为新建的新河港闸河口,上游 6.2 km 为新村沙右汊下口新建节制闸,下游 5.1 km 为二通港闸。

根据数模计算结果,工程建设后流速减小范围位于工程上游 1 700 m 至下游 720 m 范围内,其影响局限在工程区域附近范围内。因此,新村沙右汊下口新建节制闸及二通港闸均在流场变化范围以外,工程建设对两闸没有影响。在计算水文条件下,六十八窵港河口流速最大减小值约为 0.08 m/s,新建新河港河口流速最大减小值约为 0.14 m/s,流速的减小可能会使口门产生微小幅度的泥沙淤积、对河道引、排功能产生微小影响。由于六十八窵港老闸已明确停止使用,原有河口回填,因此只需考虑拟建码头对新建新河港河口的影响。工程实施后,建设单位应加强观测,当出现的淤积影响到正常引、排功能时,及时承担相应的清淤责任,保证该闸引、排功能的正常发挥。

根据《江苏省水利工程管理条例》,新河港新闸的管理范围是左右侧各

50 m；新河港新建港堤与主江堤连接，参照主江堤的标准，其管理范围是背水侧坡脚外 15 m。拟建码头与新建新河港东侧港堤背水侧坡脚的距离为 57.0 m，拟建码头堆场二期工程在六十八窎港河口回填后实施，其西侧边缘距离新河港新建港堤背水侧坡脚 15.0 m，因此拟建码头及堆场均位于新河港闸与其港堤的保护范围之外，不会对其产生不利影响。

3.7.8 拟建工程对第三人合法水事权益的影响分析

拟建码头上游 19.5 km 为临永汽渡右岸码头、上游约 5.5 km 为红阳港—兴隆沙汽渡右岸码头，下游约 10 km 处为崇启大桥。

模型计算表明，拟建码头建设后流场变化较小，流速减小范围位于工程上游 1 700 m 至下游 720 m 范围内，因此本工程的建设运行对临永汽渡右岸码头、红阳港—兴隆沙汽渡右岸码头及崇启大桥均没有影响。

3.7.9 拟建工程对防汛抢险的影响分析

根据《中华人民共和国河道管理条例》，工程的建设不得影响防汛通道的畅通无阻。

本工程无跨堤建筑物，结合拟建码头引桥搭接的需要，将连接段堤防进行加高加宽，拆除堤顶与引桥连接处原有防洪墙，增加钢筋砼台帽支承引桥，台帽背水侧堤顶增加铺设沥青路面，加固段与原有堤段间以 8% 斜坡平顺连接，确保堤顶可正常通行其他车辆。因此，工程建设对防洪通道畅通及防汛抢险不会造成不利影响。

在工程施工期间，必须遵循防汛抢险优先的原则，统一服从防汛抢险的安排，不得妨碍防汛工作。工程按规范设计施工并建成后，还应对大堤进行一段时间的变形观测，发现问题，及时处理。

3.7.10 拟建工程对水环境的影响分析

拟建工程沿岸区域水功能区为长江启东工业、农业用水区，该段长江总体水质较好。2013 年南通市重点水功能区水质监测工作成果显示，工程区附近近岸水域为Ⅲ类水质，达标状况良好。

工程对水质的影响主要来源于施工活动干扰、施工生产废水和生活污水的排放对施工附近河段水质产生的影响。

本工程建设规模较小,占用岸线长度和水域面积都比较小;桩基采用预制桩施工,只要施工期加强管理,基本不会产生废污水的排放污染,对工程附近区域的水环境影响较小,不会影响江段水质。

3.7.11 工程施工影响分析

本工程涉水建筑物主要施工内容包括预制桩基施工、现浇梁板等。

本工程位于长江口北支中段右岸,工程所在区域场地平整,后方江堤道路可作为施工通道。工程所在地长江水位一般每年6—10月为洪水期,11—次年3月为枯水期。本工程规模较小,码头、引桥桩基及对应堤段增高加固施工在一个枯水期内便可完成,因此不会影响汛期河道的防洪。施工及运行期可能出现的相关问题主要是施工设施与车辆交通可能对堤防造成一定的影响,施工机械与船舶可能对水环境造成一定的影响,主要为:①施工期重载交通车辆频繁通行,可能对堤顶防汛道路和堤肩造成一定的损坏;②码头预制桩基沉桩施工时可能对岸坡产生一定扰动,从而对岸坡稳定性产生影响;③施工机械与船舶如在施工期管理不严,可能将油污及废水排入河道,对水环境造成影响;④码头建成后,如在汛期运行,运输车辆可能对堤顶防汛抢险车辆通行产生影响。

为此,业主及施工单位应做到如下要求:①利用大堤作为陆域交通道路的时候,应严格限制车辆的数量和载重,重大构件从水路运输,确保大堤稳定安全;②为保证施工质量和施工安全,施工区域设置警示标志,施工期间应加强观测,一旦发现有可能对施工安全造成威胁的现象,应立即停止施工。为确保岸坡的稳定,在施工期岸坡不外加荷载。沉桩时严格控制沉桩速率,减少对岸坡的扰动,在锤击沉桩时尽量采用重锤轻打的方法,确保岸坡的稳定;③码头工程施工应选择在非汛期进行,并采取适当措施,工程后应及时清理施工场地内临时建筑物等行洪障碍物,以减小对长江行洪度汛的影响,施工期应加强管理,船舶要严格按照有关规定处理和排放污油污水,固定废弃物运输至指定地点,减少对环境的污染;④码头汛期运行时,运输车辆在堤顶通行应服从水利部门管理,优先保障防汛抢险车辆、物资及人员的正常通行,业主单位要增强安全责任意识,做好汛期安全生产。

3.8 防治与补救措施

根据有关法规,对防洪有影响的工程项目,应采取适当的措施补救。通过前述对拟建码头进行的防洪影响分析,采取的补救措施主要是对工程建成后对行洪及堤防的安全影响的补救等。

①工程建设单位应对岸线范围内大堤及所拟用的江堤道路路面进行维护与加固。

②为确保岸坡的稳定,在施工期岸坡不外加荷载。

③工程施工选择在枯水期,施工期间,应当接受水行政主管部门的监督检查,工程竣工验收时,组织验收的部门应当通知水行政主管部门参加。

④码头施工及运行期间,加强对施工船舶及靠泊船舶的管理,严禁向江中倾倒垃圾和油污,做到达标处理后排放,尽可能减小对水源及环境的不利影响。

⑤码头使用期满后应及时拆除,应将堤防与引桥连接段恢复至与附近堤段一致,并对拆除后的建筑垃圾及时清运,避免对周边环境造成不利影响。

3.9 结论及建议

3.9.1 结论

1. 新村沙水域河道综合整治工程的实施完成,归顺了北支附近河段涨落潮流路,使河段深泓、深槽从上至下由左岸逐渐过渡到右岸,深泓摆动趋于稳定,新村沙水域河段河势趋于稳定,有利于该河段两岸岸线的开发利用。

2. 拟建码头工程位于长江口北支中段右岸,六十八窑港下游侧。2005—2011年,拟建码头前沿区域为小幅冲刷,共计刷深 2 m 左右;新村沙水域河道综合整治工程实施后,工程段近岸-5 m 岸线以微冲为主,该处深泓、深槽从上至下由左岸逐渐过渡到右岸,深泓摆动趋于稳定,近岸河床处于微冲。由于新村沙整治工程归顺了附近河段涨落潮流路,附近水域的主流线可在较长时间内保持相对稳定。因此未来一段时间内,拟建码头工程位置的水流、深槽将会基本稳定,近岸河床呈现微冲为主的态势。

3. 模型计算表明,在9711风暴潮、2002年中水流量2组水流条件下,工程建设后,其对河道洪水位的影响不大。水位的变化主要集中于工程附近,拟建码头高潮位发生在涨潮流期间,码头下游侧最大壅水值为0.8 cm,水位壅高范围位于工程下游约220 m内;拟建码头上游侧水位降低,最大降低值为0.6 cm,水位降低范围位于工程上游约720 m内。工程建设后,对河道流场影响也不大,拟建工程上、下游局部区域内流速减小,近区流速减小最大值为0.39 m/s,流速减小范围位于工程上游1 700 m至下游720 m范围内。码头建设后,其对河道水位及流场的影响均较小,影响范围有限,对河道断面流速分布影响很小。因此,拟建码头的建设不会对所在长江河道的行洪及河势带来明显不利影响。

4. 防洪综合评价结果表明,拟建码头对河道相关水利规划没有明显冲突,对规划的实施影响较小;工程占用河道行洪面积的比例很小,基本能满足现有防洪标准的要求;工程不会对所在河段河势产生明显不利影响。

5. 拟建码头对工程河段防洪工程无明显不利影响;拟建码头建设后流场变化较小,对位于流速减小范围内的新河港闸前沿水域可能产生微小幅度的促淤作用,建议业主单位协调处理;拟建码头对本区域防汛抢险无明显不利影响。

6. 边坡抗滑稳定复核计算表明,各种工况下边坡稳定计算安全系数均满足规范要求。

7. 为减少拟建码头对防洪的影响,建设单位应采取以下措施:

(1) 工程建设单位应对岸线范围内大堤及所拟用的江堤道路路面进行维护与加固。

(2) 为确保岸坡的稳定,码头施工期岸坡不外加荷载。

(3) 工程施工选择在枯水期,施工期间,应当接受水行政主管部门的监督检查,工程竣工验收时,组织验收的部门应当通知水行政主管部门参加。

(4) 码头施工及运行期间,加强对施工船舶及靠泊船舶的管理,严禁向江中倾倒垃圾和油污,做到达标处理后排放,尽可能减小对水源及环境的不利影响。

(5) 码头使用期满后应及时拆除,应将堤防与引桥连接段恢复至与附近堤段一致,并对拆除后的建筑垃圾及时清运,避免对周边环境造成不利影响。

3.9.2 建议

1. 码头建设应合理安排施工期,施工期间应严格规范确保施工安全。
2. 工程建设单位应加强对拟建码头附近局部地形的观测,出现问题应及时采取工程措施。

4

船台舰桥工程防洪影响评价

4.1 概述

4.1.1 项目背景

泰州三福船舶工程有限公司(以下简称三福船舶)是江苏省十大造船企业之一,地处长江黄金水道,北岸毗邻一类开放口岸泰州港,水陆交通便捷。该公司现有口岸厂区、永安厂区和泰兴厂区,占地面积约150万 m^2,拥有船台6座、舾装码头1座、大型起吊设备及各类桥吊120余台,以及空压机站、数控切割机、剪板机、各类高效焊接设备等设施多台(套),可以承接多种类型的散货船、多用途船、油轮和化学品船、海洋工程船及驳船的生产。

近年来,以海洋油气资源为代表的海洋矿产资源成为当前世界海洋资源开发的重点和热点,需求的装备种类多、数量规模大,是未来5~10年产业发展的主要方向。为顺应对深海资源需求的增长,我国对近海、深海的勘探开发力度势必越来越大,多功能海洋工程船等海工装备制造业需加快发展,以满足国家海洋资源开发的战略重要。由于三福船舶口岸厂区原有2号船台长度达不到多功能海洋工程船的建造要求,且部分水运件存在安装需要,为抢抓发展机遇,三福船舶于2014年投资7 500万元进行海洋工程装备生产线转型升级改造项目,通过对原驳船生产条件的升级改造,辅以造船信息化集成管理,形成适应多功能海洋工程船舶加工制造的生产线。项目建成达产后,可新增制造多功能海洋工作船4艘。泰州市高港区经济和信息化委员会以3212031404888号备案通知书核准该项目备案。

三福船舶口岸厂区于1986年11月经泰兴县人民政府泰政发〔1986〕462号文件批准占用长江滩地20 000 m^2。1992年,口岸厂区2号船台建成。2003月10月,泰州市高港区水利局泰高水发〔2003〕60号文件核准三福船舶口岸厂区占用滩地面积扩大至153 420.7 m^2。2014年三福船舶海洋工程装备生产线转型升级改造项目的主要建设内容之一,是在口岸厂区2号船台外侧建设2座高桩梁板式水上舰桥,以作为2号船台200 t龙门吊80 m跨度轨道梁的水上段,来满足多功能海洋工程船的建设需要。根据扬州市勘测设计研究院有限公司《泰州三福船舶工程有限公司2号船台工程设计说明》,舰桥结构型式为高桩梁板式，上游舰桥平面尺寸为 53.5 m×6 m，下游舰桥平面尺寸为 53.5 m×4 m，舰桥面高程 5.35 m（1985 国家基准，本章下同），上游舰桥梁底面高程 3.35 m，下游舰桥梁底面高程 3.55 m，上、下游舰桥均沿 2 号船台外侧布置。该建筑物的设计年限是 50 年，待产品建设完成后拆除。

本章依据三福船舶 2 号船台舰桥工程的基本情况、所在长江河段的防洪任务与要求、防洪与河道整治工程布局等，结合河道演变分析、长江行洪防洪影响进行二维数学模型计算，并分析工程河段水文特性、工程地质等资料，从而对工程修建进行防洪综合评价，为舰桥工程的审批提供科学依据。

4.1.2 技术路线及工作内容

根据水利部水建管〔2001〕618 号文件、江苏省水利厅苏水管〔2001〕17 号文件通知精神和水利部办公厅办建管〔2004〕109 号文件《河道管理范围内建设项目防洪评价报告编制导则（试行）》的要求，以及泰州三福船舶工程有限公司的委托意见，对工程建设区域进行必要的现场调查和勘测，收集整理历年来本河段河道地形、水文、泥沙、地质资料。根据历史及近期的河道地形资料和水文资料，对已建工程河段进行历史和近期的河道演变分析，分析河床演变的基本规律及影响因素，探讨本河段水沙运动规律，分析工程河段未来演变趋势，同时分析舰桥工程对本河段河势产生的可能影响。利用二维数学模型进行舰桥工程对河道水位流场影响计算分析，并根据河演分析和数学模型计算等结果，综合评价本工程建设对工程河段河势、行洪及防洪工程的影响，并提出减小影响和补救的建议，评价内容主要如下：

（1）工程建设对防洪安全的影响评价；

（2）工程建设对河势稳定的影响分析评价；

（3）工程防洪标准与现有防洪标准、现有水利工程和有关规划的适应性分析评价；

（4）工程建设与防汛、第三人合法水事权益等有关方面是否协调及相关的影响分析评价。

4.2 基本情况

4.2.1 建设项目概况

泰州三福船舶工程有限公司 2 号船台舰桥工程的建设地点位于长江扬中河段太平洲左汊口岸直水道左岸，泰州三福船舶工程有限公司口岸厂区 2 号船台外侧，对应泰州口岸段主江堤桩号范围为 202＋148～202＋550。工程位置示意见图 4.2-1。

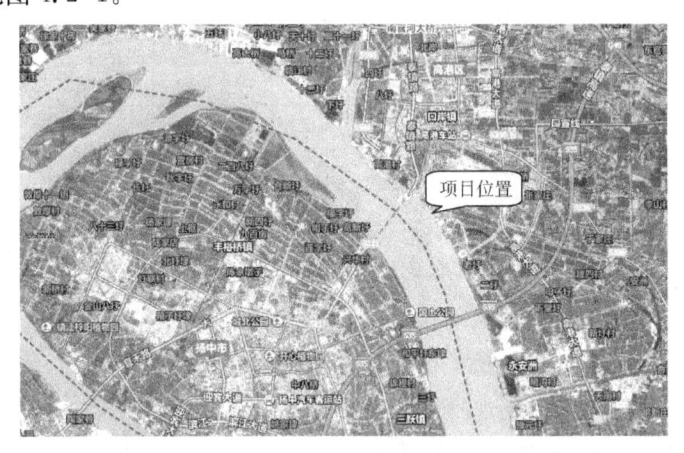

图 4.2-1 三福船舶 2 号船台舰桥工程位置示意

为建设具备多功能海洋工程船舶加工制造的生产线，对口岸厂区 2 号船台进行升级改造，在船台外侧建设水上舰桥 2 座，作为 2 号船台 200 t 龙门吊 80 m 跨度轨道梁的水上段。2 号船台舰桥工程设计装货船型为 500 t 内河货船，设计荷载为 80 m 跨度 200 t 龙门吊，单脚下共 20 个轮子，门机型号及参数见图 4.2-2。

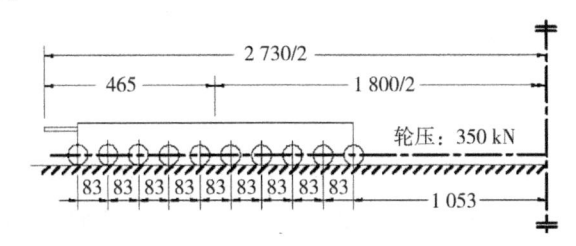

图 4.2-2 三福船舶 2 号船台舰桥设计门机型号及参数(单位：cm)

三福船舶2号船台2座舰桥采用垂直河岸的平面布置，上、下游舰桥均沿2号船台外侧布置，上、下游舰桥间距80 m。上游舰桥平面尺寸53.5 m×6 m,下游舰桥平面尺寸53.5 m×4 m,上、下游舰桥各角点平面坐标见表4.2-1。

表 4.2-1　三福船舶2号船台舰桥工程平面控制点坐标

舰桥位置	角点编号	坐标 X	坐标 Y
上游舰桥	A1	487 834.14	3 572 539.22
	A2	487 838.06	3 572 535.77
	A3	487 874.48	3 572 574.71
	A4	487 870.07	3 572 578.75
下游舰桥	B1	487 893.48	3 572 484.33
	B2	487 896.06	3 572 481.99
	B3	487 932.57	3 572 521.14
	B4	487 929.60	3 572 523.73

舰桥工程采用高桩梁板结构。三福船舶2号船台舰桥工程设计时，主要依据与2号船台龙门吊轨道的衔接要求来确定舰桥顶面高程，上、下游舰桥桥面高程均为5.35 m。上游舰桥梁底高程3.35 m,下游舰桥梁底高程3.55 m。基础形式为预制桩基及承台结构，承台高度800 mm。上游舰桥共12榀排架，每榀排架承台下设3根Φ600 PHC 600 AB 110管桩，桩长24.0 m,江侧最外端三榀排架间距依次为3.0 m、4.5 m,余下排架间距均为5.0 m;下游舰桥共14榀排架，每榀排架承台下设2根Φ600 PHC 600 AB 110管桩，桩长26.0 m,除陆侧最内端两榀排架间距为4.5 m,余下排架间距均为4.0 m。

4.2.2　河道基本情况

三福船舶2号船台舰桥工程位于长江扬中河段太平洲左汊口岸直水道左岸，南官河口下游约1.0 km处。扬中河段上起五峰山，下至鹅鼻嘴，河段进出口均由山岩、石矶形成的天然节点控制，河道总长91.7 km。扬中河段以界河口为界分为上、下两段，上段为太平洲汊道段，为弯曲分汊河型，河道内自上而下分布有太平洲、炮子洲、录安洲，三洲自上而下顺列于江中。太平洲是长江下游最大的江心洲，面积约209.26 km^2;界河口以下为微弯单一河型,河道两头窄、中间宽,进口河宽约1.8 km,中间最宽处达4.4 km,出口河宽约1.5 km。

太平洲汊道左汊为主汊,分流比长期稳定在90%左右,上段嘶马弯道内偏靠右岸又分布有落成洲,中段小明港以下河道中部分布有水下暗沙——鳗鱼沙,下段太平洲尾以下靠右岸侧分布有炮子洲、录安洲,太平洲尾对岸分布有天星洲。目前,落成洲左汊分流比约17%,炮子洲右汊几近断流,录安洲右汊分流比约10%,天星洲左汊分流比约5%。

本河段分布有三个水道,五峰山—褚港为口岸直水道,褚港—连成洲为泰兴水道,连成洲—鹅鼻嘴为江阴水道。泰兴水道、江阴水道水深条件总体较好,口岸直水道存在三益桥、鳗鱼沙两个浅滩段。

三益桥浅滩位于落成洲左汊进口过渡段,由于该段河道平面形态逐渐展宽,过水面积骤然增大,出现落成洲分汊,加上淮河入江水流的影响,造成过渡段内水流分散,输沙能力下降,泥沙淤积,形成浅区。特别是20世纪90年代以来,落成洲右汊发展,降低了左汊的冲刷能力,左汊上下深槽交错,形成过渡段浅滩,12.5 m深槽不能贯通,10.5 m等深线的有效宽度有时才200 m。

口岸直水道下段高港边滩淤积下延,泰州大桥桥墩下游出现西北—东南向淤积体,尾部进入鳗鱼沙左汊航道上段;现阶段鳗鱼沙左右汊航道中下段水深条件良好,但鳗鱼沙滩槽水沙交换频繁,滩面冲淤多变。

本河段位于长江三角洲平原,地质上属构造沉降区,第四纪以来,发育了巨厚的疏松沉积层。地貌上表现为低平的三角洲平原,地势低平,海拔高度一般不超过3 m,地形自西向东,略有倾斜。扬中河段位于长江扬子准地台的江南隆起与苏北坳陷构造区,紧邻宁镇弧形褶皱带。河道走向沿扬子地质构造带,与其构造线方向基本一致,属构造沉降区,有深厚的疏松沉降层。扬中河段的河道边界大多是第四纪冲击物,河岸属二元结构,上层为浅黄色重粉质壤土,下层为青灰色的粉细沙,局部水深较大处有中粗沙,高程一般在−50~−30 m左右。

河段两岸边界组成抗冲能力相差悬殊。右岸大都为黏土和沙质土,土质坚硬,两端有群山为倚,抗冲能力强。左岸和太平洲体、炮子洲及南岸部分地区为全新世晚期以后长江冲积形成的沉积物,河床边界土质主要由灰色粉沙、极细沙组成,沉积年代新,结构松散,总体上为二元结构。表层为数米厚的河漫滩相的壤土及粉质壤土,抗冲性较弱,以下则为河床相的粉沙、极细沙和细沙,抗冲性更差。一般在－50 m以下出现粗砂夹砾石层,抗冲性较强。

4.2.3　河道防洪标准

根据《长江流域综合规划(2012—2030年)》,长江中下游总体防洪标准为防御新中国成立以来发生的最大洪水,即1954年洪水,相应设计洪水位(无台风影响)为:镇江6.96 m,三江营6.485 m,江阴5.34 m。三福船舶2号船台舰桥工程附近河段1954年型设计洪水位为6.16 m。

根据苏水计〔1997〕210号文件,江苏省100年一遇洪潮水位加10级风浪的设计标准,沿线相应的设计洪潮水位为:镇江7.33 m,三江营6.52 m,江阴5.65 m。三福船舶2号船台舰桥工程附近河段100年一遇设计洪水位为6.31 m。

根据上述分析,三福船舶2号船台舰桥工程附近河段防洪标准按100年一遇洪潮水位加10级风浪的设计标准,设计洪水位确定为6.31 m。

4.3　现有水利工程及其他设施情况

4.3.1　堤防现状、防洪标准及堤身达标建设情况

1. 防洪设计水位

根据苏水计〔1997〕210号文件中江苏省100年一遇洪潮水位加10级风浪的设计标准,沿线相应的设计洪潮水位为:南京9.16 m,镇江7.33 m,三江营6.52 m,江阴5.65 m。三福船舶2号船台舰桥工程附近河段100年一遇设计洪水位为6.31 m。

2. 堤防现状

泰州市主江堤堤防总长96.1 km,防洪墙顶高7.5～8.3 m,堤顶宽6～10 m,堤外坡比1∶3,堤内坡比1∶2.5。三福船舶2号船台舰桥工程地处长江扬中河段太平洲左汊上段的左岸,所在泰州口岸段主江堤桩号范围为202＋148～202＋550,等级标准为2级,该段长江大堤堤顶高程为7.4 m,无防洪墙。

3. 堤身达标建设情况

20世纪90年代,长江流域发生了多次大洪水,洪水出现的频次增多,洪

水位逐渐抬高,险情严重。1997年江苏江堤遭受台风、暴雨和大潮袭击,造成超200 km江堤受到破坏。为了提高长江堤防的防御能力,从1997年秋冬开始,江苏省实施了江海堤防达标建设工程,使长江堤防达到50年一遇的防洪标准,整个工程投资41亿元,历时5年,至2002年底,全省基本完成主江堤达标任务。长江堤防达标工程主要包括堤身土方加高培厚、灌浆、填塘固基、堤基处理、病险建筑物加固改建、风浪段迎水坡防护、易崩岸段水下防护等内容,同时修建堤顶防汛公路,完善管理设施。江堤达标工程建设按照2级堤防标准进行,主要技术指标为:

堤顶高程:右岸的福山以上、左岸的九圩港以上河段,在防洪设计水位以上加超高2 m;两地以下河段,左右岸均加超高2.5 m;大、中型城市河段加超高2.5 m。港堤和洲堤低于主江堤0.5 m。

堤顶宽及内外边坡:参照有关设计规范,确定防洪大堤堤顶宽等于或大于6 m;确定堤防外坡比为1∶3,内坡比为1∶2.5。

穿堤建筑物防洪标准:大中型建筑物为二级建筑物,小型建筑物定为三级建筑物。

三江营至十圩港段,主江堤长约87 km,分别属于扬州市的江都区,泰州市的泰兴市、靖江市,保护范围以长江为界。北至老通扬运河,全线设闸控制,西以淮河入江水道东堤,东以宁盐高速公路形成封闭圈。圈内重要的设施有江都水利枢纽,以及宁通高速公路、328国道等公路干线。对照"防洪标准",此段江堤为2级堤防。

4.3.2 河道整治工程

1. 扬中河段河道整治工程

扬中河段河道整治工程主要集中在嘶马弯道、小决港、录安洲等险工段或迎流顶冲段。

扬中河段嘶马弯道左岸是长江下游著名险工段。自20世纪70年代开始,嘶马弯道崩塌区陆续实施了抛石、沉柴排、沉软体排及丁坝等护岸工程。1990年代以后,扬中河段实施了节点整治工程,在崩塌最剧烈的弯顶顶冲部位以及上下游形成了较长的整体护岸带,江岸抗冲能力得到明显提高。

据统计,近几十年来,嘶马弯道左岸累计修建丁坝10座,柴排7.33万 m^2,软体排10.89万 m^2,抛石261万t,护岸长度总计约7 km。右岸落成洲右汊丰乐桥段护岸1.0 km；泰州杨湾段护岸520 m，引江河下游永长圩护岸800 m；泰兴永安圩段自1993年以来完成抛石5.63万 m³，护岸长度约1.1 km。过船港段护岸2.2 km。界河口已建护岸约1.1 km；扬中小决港段已建护岸约1.4 km，加固护岸长330 m，抛石7.3万 m³；录安洲自20世纪80年代开始实施护岸工程，1991—1998年又实施了节点整治工程，共完成抛石护岸长度2.4 km，加固护岸长280 m，抛石量8.62万 m³。上述护岸工程的建设和实施，为抑制江岸的崩退，稳定河势和防洪起到有效的作用，也有利于深水岸线的开发和利用。

另外，长江水利委员会长江科学院于2002年编制了《扬中河段嘶马弯道（江都段）崩岸整治工程可行性研究报告》，其整治方案为：对嘶马弯道的三江营—西七坝、西七坝—东三坝、东三坝—扬湾一带岸线进行护岸建设和加固，与已建工程衔接，进一步对危及防洪安全和控制河势的江岸段进行守护，对已建护岸工程薄弱的地段进行加固，以确保嘶马弯道乃至太平洲汊道的稳定。

2. 天星洲左汊崩岸治理

近年来由于天星洲左汊的发展，左汊新星闸（位于二桥港上游约1.2 km）附近受水流冲刷影响，滩岸变陡，水下出现多个深塘。该段江滩于2007年11月20日发生条崩，长750 m，宽6～8 m；2008年6月20日，新星闸下游滩面又发生坍江，长80 m，宽8～10 m。2008—2010年，泰兴市水务局投资240万元对该段滩岸及深塘实施了应急抛石防护，共抛石近3万 t，对深塘近岸侧采用平顺抛石，抛厚0.8 m，宽30 m。

3. 天星洲汊道段河道综合整治工程

天星洲汊道段河道综合整治工程建设内容包括：天星洲左汊疏浚工程，长约11.35 km；天星洲右缘上中段切滩工程，长约2.1 km；天星洲尾隔流堤工程，长约3.08 km；天星洲头、左右缘及左汊左岸防护工程，长约24.4 km；天星洲滩面上、中段固滩工程，弃土区域长约6.4 km，面积5.34 km²，环弃土区一周修建长约13.5 km围堰。

4.3.3 航道整治工程

扬中河段五峰山至十四圩段属口岸直水道，长约46 km，根据河道平面特性可以分为两段：上段（五峰山—高港灯）为中间宽两头窄的弯曲多分汊河型，长约23 km，由落成洲将该段分为左右两汊，其中左汊为主汊，多年来落成洲洲头冲刷后退,右汊分流比持续增加,左汊输沙能力降低,易落淤形成过渡段浅滩(一般称为三益桥浅区);下段(高港灯—十四圩)为长顺直段,长约23 km,江中鳗鱼沙心滩将河槽分为左、右两槽,心滩冲淤频繁,两槽相应冲淤交替发展,航槽不稳,目前左槽为主槽。三益桥浅区和鳗鱼沙心滩水域是口岸直水道两个主要碍航河段。

(1) 三益桥浅区航道整治工程

长江航道局委托有关单位于2010年10月编制完成了《长江下游口岸直水道航道治理落成洲守护工程可行性研究报告》,2010年8月11日长江水利委员会以长许可〔2010〕148号文件对该工程的涉河建设方案进行了批复。口岸直水道三益桥浅区水域的主要治理思路是通过治理落成洲洲头,限制落成洲右汊发展,增强过渡段浅区水流动力。

(2) 鳗鱼沙心滩水域航道整治工程

口岸直水道鳗鱼沙水域总体治理思路是维持目前左槽为主航道的格局,通过分期实施心滩治理工程,逐步改善航道条件,主要包括两个部分:① 控制守护鳗鱼沙心滩,在维持目前相对有利的滩槽格局的基础上,适当加大加高心滩,调整滩槽水流分布,增加浅区的冲刷能力;② 对局部河段河岸进行护岸加固,稳定河道两岸边界。

4.3.4 其他设施情况

本工程上游4.3 km为引江河口,上游1 km为南官河口,上游1.6 km为泰州港4♯、5♯、6♯码头,上游1.3 km处为高港汽渡,上游2.5 km处为高港闸(为1孔×3.5 m宽,设计流量10 m^3/s),上游560 m处为泰州口岸船舶有限公司码头;本工程下游220 m处为三福船舶口岸厂区高桩码头,下游570 m处为双龙闸(为1孔×3.5 m宽),下游1 000 m处为幸福闸(为1孔×5.0 m宽),下游约3.2 km处为泰州长江大桥,下游2.1 km处有泰州自来水公司取水口;对岸2.4 km处为扬中二墩港水源地。

4.4 水利规划及实施安排

《长江流域综合规划(2012—2030年)》《长江流域防洪规划》《江苏省防洪规划》《长江岸线保护和开发利用总体规划》《江苏省长江堤防防洪能力提升

工程建设前期工作技术指导意见》等参考第3章。

4.5 河道演变

4.5.1 历史演变概述

受自然演变与人类因素的共同影响,1865年后,扬中河段历史演变主要特点为:洲滩合并,河宽束窄,主槽发展,河道主槽平面形态趋于平顺。河道调整变化较剧烈的部位主要在嘶马弯道下段和炮子洲分汊段。在嘶马弯道下段,江中小洲发展扩大,淤积合并后并入左岸,该段河道由宽浅分汊段发展为顺直段;在太平洲尾部,江中成片的洲滩冲刷、右移、并岸,最终仅存炮子洲和录安洲沿右岸分布,形成弯曲分汊河型。

4.5.2 河道近期演变

扬中河段由于其上游大港水道的稳定少变及进口段右岸临江岩石山矶的控制,形成较为稳定的太平洲分流局面,太平洲分流、分沙及主槽走向基本稳定的格局仍会继续下去,并为太平洲两汊提供相对稳定的入流条件。

太平洲左汊的嘶马弯道在20世纪70年代护岸前左岸强崩、右岸大淤,护岸后左岸崩退有所扼制,但护岸标准未达要求,故崩窝时有发生,嘶马弯顶附近尤为严重,这与落成洲右汊发展水流增强有关。在目前情况下,尤其是遇到大洪水年,嘶马弯道险工段的局部崩岸仍可能发生。预计随着护岸工程的实施,嘶马弯道河床将向纵深方向调整,顶冲与淤积的部位随来水来沙的不同略有上提下挫。

太平洲左汊的高港灯以下至小明港为主流过渡段,左岸高港灯凸嘴附近有抗冲力较强的礁板沙,右岸为人工抛石区,多年来主流顶冲点相对稳定,从而对下游河势在一般情况下变化不大的局面起到了一定的作用。

太平洲左汊小明港以下至左汊出口为宽浅顺直段。多年来,河势的总体格局变化不大。近期河床演变有两个主要特征。一是深泓线摆幅大,导致小明港以下江岸的崩退和左、右岸近岸深槽的冲淤交替。二是心滩运动频繁,其主要原因为:①宽浅顺直河道本身对水流的制约作用较弱,易导致深泓线的摆动,洲滩变化频繁;②20世纪80年代正是上游嘶马弯道向下发展的强烈时期,为下游顺直段提供了心滩运动的沙源。20世纪90年代后上游崩岸中心已在礁板沙附近,江岸崩退不大,趋于基本稳定,减少了泥沙的来源,削弱了心滩的淤长。当然,宽浅形河段内的雏形心滩在不同的水、沙组合下仍会发生异变现象。今后,只要嘶马弯道不进一步向下发展,小明港以下江岸保持相对稳定,河宽得到有效的控制,其心滩运动就会明显减弱。

三福船舶2号船台舰桥工程位于太平洲左汊上段左岸,南官河口下游。工程段近岸多年来−10~0 m岸线以微淤为主,该处深泓、深槽从上至下由左岸逐渐过渡到右岸,深泓摆动趋于稳定,深槽在1991年后变化不大,近岸边坡比较缓,近岸河床处于微淤状态。在扬中河段河势总体趋于稳定,尤其是小明港以下江岸保持相对稳定的情况下,舰桥工程位置的水流、深槽将会基本稳定,近岸河床呈现微淤为主的态势。

4.6 防洪评价计算与工程行洪影响

4.6.1 平面二维水流数学模型

本节采用平面二维水流数学模型,进行泰州三福船舶工程有限公司2号船台舰桥工程对河道行洪水位和流场的影响计算,并对工程建设前后河道水位和流速等的变化进行分析。

综合考虑该工程所在河段河势、工程可能影响范围及水文资料等因素,本节选取扬中河段作为工程影响计算河段。计算边界上起五峰山,下至鹅鼻嘴。计算河段地形采用2015年3月实测1∶10 000水下地形图。计算区域上、下边界均给定潮位过程。模型分析过程以下省略。

4.6.2 工程行洪影响分析

三福船舶2号船台舰桥工程对河道水流有影响的建筑物主要为舰桥平台、桩梁等。在防洪设计水位条件下,三福船舶2号船台舰桥工程的最大阻水面积约为295 m^2,约占工程前河道过水断面面积44 086 m^2的0.7%。由此可见,三福船舶2号船台舰桥工程对河道行洪断面面积的侵占很小,定性来看,该工程对河道行洪水位和流场的影响不会太大。

1. 水位影响分析

对比不同水流条件下的计算结果可知,三福船舶2号船台舰桥工程采用高桩梁板式结构,由于上游舰桥排架间距为3.0~5.0 m,下游舰桥排架间距为4.0~4.5 m,排架间距比常规的码头排架间距稍密,且舰桥下方局部河床较附近滩面稍高,因此舰桥工程表现出一定的阻水作用。但由于该舰桥工程规模较小,舰桥工程对河道水位的影响主要集中在舰桥上、下游的局部区域内,主要表现为工程上游局部区域水位壅高,而在其下游局部区域水位则有所降低。舰桥工程在不同的计算工况下,水位的变化趋势在定性上是一致的,在定量上有所不同。

2. 流速影响分析

舰桥工程对计算河段的总体流场影响较小,但对工程上、下游局部区域流场影响较为明显,主要表现为舰桥工程局部及其下游区域,由于阻水和水流扩散导致水流流速减小;由于舰桥桩基及下方填土平台的阻水作用,附近水流受到挤压,使舰桥工程前沿外侧及内侧局部区域流速增大。三福船舶2号船台舰桥工程建设后的流速影响范围主要位于工程附近局部区域,影响范围总体有限,对工程河段河道断面流速分布及主流位置总体影响较小。

4.7 防洪综合评价

4.7.1 工程与有关规划的关系及影响分析

1. 与河段综合规划关系

根据《长江流域综合规划(2012—2030年)》,守护落成洲右汊进口右岸,防止水流对太平洲左缘岸线的冲刷,确保防洪安全;守护落成洲头,控制落成洲右汊分流比的增加,稳定嘶马弯道河势;结合12.5 m深水航道整治,稳定鳗鱼沙心滩;加固录安洲头部及左缘,强化节点对河势的控制作用,稳定江阴水道进流条件;守护太平洲夹江两岸岸线;治理新增崩岸段,全面加固已有护岸段;因势利导,促使已有并岸趋势的洲滩并岸,以进一步稳定河势。

三福船舶2号船台工程规模较小,工程建设与所在河段综合规划的治理目标之间没有矛盾,符合综合规划的总体要求。

2. 与防洪规划关系

根据《长江流域防洪规划》与《江苏省防洪规划》，工程所在河段防洪潮标准为100年一遇高潮位遇10级风，本工程在主江堤外侧，距主江堤最近距离约166 m，工程施工不涉及主江堤，对防洪规划中对堤防防洪标准的要求没有影响。

3. 与岸线保护和开发利用规划关系

根据《长江岸线保护和开发利用总体规划》，泰州引江河至小四圩港上5.05 km长岸线是控制利用区，属于水深条件较好，适宜港口码头建设的岸线，在开发利用上要求控制其开发利用强度。

本工程为小型舰桥，项目建设规模小，占用岸线长度和水域面积都比较小，项目建设基本符合岸线保护和开发利用规划的总体要求。

4. 对江苏省长江堤防防洪能力提升工程实施的影响

根据《江苏省长江堤防防洪能力提升工程建设前期工作技术指导意见》，堤防主江堤、港堤防洪标准要求达到100年一遇，江堤防洪能力要求全面达到《长江流域综合规划(2012—2030年)》标准。

本工程在主江堤外侧，距主江堤最近距离约166 m，工程施工不涉及主江堤，对堤防防洪能力提升工程的实施没有不利影响。

4.7.2　工程与现有防洪标准的适应性分析

《中华人民共和国河道管理条例》第十二条规定，桥梁和栈桥的梁底必须高于设计洪水位，并按照防洪和航运的要求，留有一定的超高。本工程处防洪设计水位为6.31 m。

三福船舶2号船台舰桥工程设计时，主要依据与2号船台龙门吊轨道的衔接要求来确定舰桥顶面高程。根据三福船舶2号船台舰桥工程竣工后资料，桥面高程5.35 m，上游舰桥梁底面高程3.35 m，下游舰桥梁底面高程3.55 m，桥面至梁底面均位于防洪设计水位以下。根据上、下游舰桥长度均为53.5 m，可计算出上游舰桥及下方河床最大阻水面积为162 m^2，下游舰桥及下方河床最大阻水面积为156.3 m^2，相对于防洪设计水位时舰桥工程所在河道行洪面积42 874 m^{2}来说，上、下游舰桥占用河道行洪面积的比例均不足0.4%，故认为本工程建设基本能满足现有防洪标准的要求。

4.7.3 工程对长江行洪安全的影响

工程位于长江潮流界以上河段,汛期涨、落潮对工程河段的洪水位影响较小,工程河段洪水位主要受径流影响。

根据数模计算结果,工程建设后,其对河道洪水位的影响不大。水位的变化主要集中于工程附近,舰桥工程最大壅水值为 3.4 cm,水位壅高范围位于上游舰桥上游约 250 m 内,最大降低值为 1.2 cm,水位降低范围位于下游舰桥下游约 1 260 m 内,工程建设后近岸洪水位壅高值一般小于 4 mm。工程建设后,其对河道流场总体影响不大。舰桥工程上、下游局部区域内流速减小,近区流速减小最大值为 0.62 m/s,流速减小值大于 0.02 m/s 的范围位于上游舰桥上游 250 m×200 m 及下游舰桥下游 1 400 m×250 m 范围内。

因此,舰桥工程建设后,其对河道水位及流场的影响总体较小,影响范围有限,对河道断面流速分布影响很小。工程的建设不会对所在长江河道的行洪带来明显不利影响。

4.7.4 工程对河势稳定的影响

根据近期河床演变规律分析的结果,长江扬中河段太平洲左右汊分流、分沙及主槽走向将保持较为稳定的格局。工程段近岸多年来−10~0 m 岸线以微淤为主,该处深泓、深槽从上至下由左岸逐渐过渡到右岸,深泓摆动趋于稳定,深槽在 1991 年后变化不大,近岸河床处于微淤状态。在扬中河段河势趋于稳定,尤其是小明港以下江岸保持相对稳定的情况下,舰桥工程位置的水流、深槽将会基本稳定,近岸河床呈现微淤为主的变化趋势。

三福船舶 2 号船台舰桥工程位于长江太平洲左汊口岸直水道,岸线较顺直,断面形态较为稳定。工程建设后,舰桥上下游局部水流流向会有所改变,但由于工程阻水建筑物规模较小,工程局部水位和流速调整的幅度很小。通过计算表明,流速增加最大值为 0.36 m/s,流速减小最大值为 0.62 m/s,其影响局限在工程区域附近范围内,向主流区方向沿程递减,相对长江流量非常有限,对工程段河床的总体影响较小。同时,由于工程离深泓线较远,且该段河势处于长期相对稳定状态,河宽较宽,不会对近岸河床变化产生影响,不足以使河床冲淤变化性质发生改变,岸线仍将保持原有的基本稳定状态。

总体上看,工程建设引起的流速变化对工程河段河势及近岸河床稳定无明显不利影响。

4.7.5 工程对防洪工程的影响分析

舰桥工程在高水位的情况下会对河道水流产生一定的束水作用，同时引起舰桥附近一定范围内的近岸流速发生变化。但由于流速变化区域范围总体较小，且主要为流速减小变化，对现有边滩及岸坡稳定影响不大。

舰桥工程距主江堤约166 m，距离较远，舰桥的桩墩等建筑物均不在堤身设计断面内，施工对江堤影响较小。数模计算表明，工程建设后，水位变化主要集中于工程附近局部区域，水位最大壅高值为3.4 cm，水位最大降低值为1.2 cm，工程建设后近岸洪水位壅高值一般小于4 mm；工程建设前后流场变化较小，流速增加最大值为0.36 m/s，流速减小最大值为0.62 m/s，其影响局限在工程区域附近范围内，不会危及江堤安全。

4.7.6 工程对其他水利工程及设施的影响分析

根据数模计算结果，舰桥工程对河道洪水位的影响不大。水位的变化主要集中于工程附近，舰桥工程最大壅水值为3.4 cm，水位壅高范围位于工程上游约250 m内，最大降低值为1.2 cm，水位降低范围位于工程下游约1 260 m内。因此，工程建设后，附近跃进闸、高港闸、南官河口、古马干河口等通江口门在防洪设计流量下的水位变化很小，工程对附近通江口门的防洪排涝影响很小。

工程建设后流场变化较小，流速减小值大于0.02 m/s的区域范围位于工程上游250 m至下游1 400 m内，其影响局限在工程区域附近范围内。因此，工程附近分布的跃进闸、高港闸、南官河口、幸福闸、古马干河口等多个通江口门，基本上均在流场变化范围以外，口门的引、排功能基本不受影响。

4.7.7 工程对第三人合法水事权益的影响分析

舰桥工程上游1.6 km为泰州港4♯、5♯、6♯码头，上游1.3 km处为高港汽渡，上游560 m处为泰州口岸船舶有限公司码头，下游220 m处为三福船舶口岸厂区高桩码头，下游约3.2 km处为泰州长江大桥。

舰桥工程建设后流场变化较小，流速减小值超过0.02 m/s的范围位于舰桥工程上游250 m至下游1 400 m内，因此本工程的建设运行对泰州港码头、泰州口岸船舶有限公司码头、高港汽渡及泰州长江大桥基本没有不利影响；工程的建设运行可能对三福船舶口岸厂区内高桩码头前沿水域及近岸区域产生微小幅度的促淤作用，这些均属于建设单位自有设施，不涉及对第三人水事权益的侵害。建议建设单位加强口岸厂区内码头前沿河床观测，保证码头功能的正常发挥。

4.7.8 工程对防汛抢险的影响分析

根据《中华人民共和国河道管理条例》，工程的建设不得影响防汛通道的畅通无阻。

本工程无跨堤建筑物，不影响江堤防汛通道的使用。但考虑到在工程运行中，可能利用附近堤防作为本工程进出通道，车辆相应增加，因此必须遵循防汛抢险优先的原则，尤其在汛期，工程的运行调度应统一服从防汛抢险的安排。

4.7.9 工程对水环境的影响分析

工程对水质的影响主要来源于施工活动干扰、施工生产废水和生活污水的排放对施工附近河段水质产生的影响。

本工程建设规模较小，占用岸线长度和水域面积都比较小；桩基采用预制桩施工，只要运行期加强管理，基本不会产生废污水的排放污染，对工程附近区域的水环境影响较小，不会影响江段水质。

4.7.10 工程影响防治措施

根据有关法规，对防洪有影响的工程项目，应采取适当的措施补救。通过前述对舰桥工程进行的防洪影响分析，采取的补救措施主要是对工程建成后对行洪及堤防的安全影响的补救等。

（1）工程建设单位应对岸线范围内大堤及所利用的江堤道路路面进行维护与加固。

（2）舰桥运行期间加强对靠泊船舶的管理，严禁向江中倾倒垃圾和油污，做到达标处理后排放，尽可能减小对水源及环境的不利影响。

4.8 结论及建议

4.8.1 结论

1. 随着太平洲左、右汊弯道护岸工程的实施，江岸崩塌得到控制，在适当维持左、右汊护岸工程的条件下，太平洲汊道相对稳定的平面形态将继续保持，分流比基本稳定，岸线形态也基本稳定，有利于该河段两岸岸线的开发利用。

2. 三福船舶2号船台舰桥工程位于太平洲左汊上段左岸，南官河口下游。近期河床演变表明，工程段近岸多年来-10～0 m岸线以微淤为主，该处深泓、深槽从上至下由左岸逐渐过渡到右岸，深泓摆动趋于稳定，深槽在1991年后变化不大，近岸边坡比较缓，近岸河床处于微淤状态。在扬中河段河势趋于稳定，尤其是小明港以下江岸保持相对稳定的情况下，舰桥工程位置的水流、深槽将会基本稳定，近岸河床呈现微淤为主的变化趋势。

3. 模型计算表明，在防洪设计流量和实测非恒定流两种计算条件下，舰桥工程最大壅水值为3.4 cm，水位壅高范围位于工程上游约250 m内，最大降低值为1.2 cm，水位降低范围位于工程下游约1 260 m内，工程建设后大堤近岸洪水位壅高值一般小于4 mm；工程建设后，上、下游局部区域内流速减小，流速减小值大于0.02 m/s的区域范围位于工程上游250 m至下游1 400 m内。水位、流速影响范围集中在舰桥工程附近局部区域。总体上看，工程建设对附近长江河段行洪无明显不利影响。

4. 防洪综合评价结果表明，舰桥工程建设与水利规划、岸线规划没有明显冲突，对规划的实施影响较小；工程占用河道行洪面积的比例很小，基本能满足现有防洪标准的要求；工程不会对所在河段河势产生明显不利影响。

5. 舰桥工程对工程河段防洪工程无明显不利影响；舰桥工程建设后，流场变化较小，对第三人合法水事权益无明显影响；舰桥工程对本区域防汛抢险无明显不利影响。

6. 为减少三福船舶2号船台舰桥建设对防洪的影响，建设单位应采取以下措施：

（1）工程建设单位应对岸线范围内大堤及所利用的江堤道路路面进行维

护与加固。

（2）舰桥运行期间加强对靠泊船舶的管理，严禁向江中倾倒垃圾和油污，做到达标处理后排放，尽可能减小对水源及环境的不利影响。

4.8.2 建议

1. 舰桥工程的建设运行可能对三福船舶口岸厂区内高桩码头前沿水域及近岸区域产生微小幅度的促淤作用，这些均属于建设单位自有设施，不涉及对第三人水事权益的侵害，建议建设单位加强口岸厂区内码头前沿河床观测，保证码头功能的正常发挥。

2. 为安全起见，建议工程运行期，加强工程河段一定范围内防洪工程、水利工程设施、河势及水环境污染情况的监测及分析工作，以便及时发现问题，并采取适当补救措施，从而使本工程得以长期安全运行。

5

避风港工程
防洪影响评价

5.1 概述

2007年太湖蓝藻危机之后,全社会对于改善水环境有了更为迫切的要求,党中央、国务院、江苏省委、江苏省政府都把治理太湖作为贯彻落实科学发展观的重大任务,温家宝总理、曾培炎副总理先后到太湖做过专题调研。次年5月,国务院批复了《太湖流域水环境综合治理总体方案》,制定了一系列综合治理工程措施。

根据总体方案,武进区将实施太湖(竺山湖)常州段岸线生态整治工程,主要目标是通过对沿岸湿地的整理、修复,为抵抗和降低水体污染、维持和改善竺山湖水质提供保障。同时,为进一步营造沿湖景观,改善湖区人居环境,2011年底,《江苏省环太湖风景路规划》由江苏省政府审定同意;2013年5月,《江苏省环太湖风景路常州段详细规划》通过江苏省住建厅审查。本章依据国家有关法律法规,建设项目所在河流湖泊的防洪任务与防洪要求等,对避风港提升改造工程的防洪影响进行综合评价。

5.2 技术路线及工作内容

5.2.1 技术路线

收集工程区流域、区域和城市防洪及水利工程的相关资料,对建设工程带来的湖泊防洪影响进行分析,论证其可行性,形成防洪影响综合评价。在此基础上,对工程可能造成的防洪影响提出补救措施。

5.2.2 工作内容

根据建设项目的基本情况、所在湖泊的防洪任务和要求,对建设项目的防洪影响进行综合评价,主要工作内容如下:

(1) 收集武进区、竺山湖的基本情况(包括水文、气象、周边水系等)、近期水利规划文件、工程建设方案、工程规划建设内容等资料;

(2) 工程所占水域面积、库容计算;

(3) 工程建成后湖岸堤防安全分析;

（4）工程对湖泊防洪影响的综合评价；

（5）工程所占水域面积的补偿分析；

（6）结论与建议。

5.3 基本情况

5.3.1 区域概况

本项目位于太湖流域北部、江苏省常州市武进区竺山湖湖滨带区域。其中竺山湖为太湖西北部的半封闭型湖湾，北起百渎口，南至马山嘴至师渎港一线，面积 57.2 km^2，湖底高程约 1.0～1.5 m（吴淞高程，本章下同），涉及无锡市滨湖区、宜兴市，以及常州市武进区。常州段竺山湖岸线为山地孤丘岸线，西起百渎口，东至雅浦港，湖岸线长约 4.9 km。湖边环湖公路高程约 5.8～7.2 m，虎头山、东山、邵后山等山丘高程在 25～77 m。

5.3.2 水文气象

1）水文基面

本章采用的高程均为吴淞高程系统。

2）气象

工程区域地处北亚热带季风气候区，四季分明，气候湿润，雨量充沛，日照充足，无霜期长。据竺山湖周边最近的无锡气象站观测资料统计，多年平均气温为 15.4℃，月平均最高气温为 31.5℃（7月），月平均最低气温为 －0.83℃（1月）。

对太湖流域 2005—2012 年的降雨数据（图 5.3-1）进行统计分析，获得如下结果：多年平均降雨量为 1 177.5 mm，平均年降水天数超过 120 天，其中 2005 年降雨量最小，为 1 014.9 mm，2012 年降雨量最大，为 1 340.8 mm。降雨量年内分布不均，季节变化明显。5月至9月汛期期间，受5、6月份的梅雨和8、9月份的台风雨控制，总降雨量占年降雨量的 60% 以上。

工程区多年平均风速为 3.0 m/s，主导风向为 SE，其多年平均风速为 3.9 m/s。强风向为 NNW，最大风速为 20.5 m/s，其多年平均风速为 4.0 m/s。SE 风向是 3—8 月的主导风向，频率为 25%；NNW 风向是 10 月至

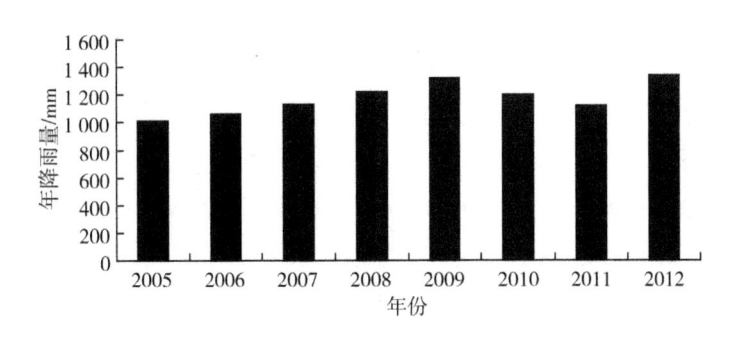

图 5.3-1　太湖流域年降雨量（2005—2012 年）

次年 2 月的主导风向，频率为 17%。

3）水位

太湖防洪警戒水位为 3.80 m；10 年一遇的设计防洪水位为 4.17 m；50 年一遇的设计防洪水位为 4.66 m；100 年一遇的设计防洪水位为 4.80 m。

经对洞庭西山站 1954—2007 年水文数据的统计，结果参考表 5.3-1：太湖湖区多年平均水位为 3.05~3.15 m；多年平均最高水位为 3.42~3.58 m；多年平均最低水位为 2.68~2.95 m。1954 年、1991 年、1999 年三个大水年份，太湖平均最高洪水位分别达 4.65 m、4.79 m、4.97 m。

表 5.3-1　西山站水位特征值　　　　　　　　　（单位：m）

水位	系列		
	1954—1994 年	1991—1997 年	2002—2007 年
多年平均水位	3.05	3.14	3.15
年均最高水位	3.49	3.42	3.58
年均最低水位	2.68	2.95	2.82

4）湖流

太湖湖流流场分布受地形、风速、风向及出入湖河流的影响，表现为四大主要特征：①湖流流场形成的动力因素主要是风力，而流场形成受地形影响较大，其他因素影响不明显；②在常风向 SE 及 NNW 风作用下，形成以太湖西南部为中心的主回流场和湖湾内若干副回流场；③湖流流速小，全年均在 0.01~0.10 m/s 量级；④太湖为平原浅水湖泊，水深较小，湖流上下层掺混条件较好。

5）风浪

风浪的大小主要取决于风力大小和风区长度及水深等因素，太湖湖面广阔，又有一定的水深，具有使风浪发生和发展的条件。据有关部门调查，太湖的风浪，一般是开敞的湖心区大，沿岸带相对较小；西太湖浪大，东太湖浪小。一般浪高为 0.4~0.8 m，最高达 1.2 m 左右。

6) 泥沙

太湖底部由坚硬的黄土物质组成，黄土层之上覆盖着薄层的现代淤泥。其中西太湖因不断受到风浪的扰动和侵蚀，属侵蚀性湖底，覆盖层较薄，一些地区，尤其是西太湖中部的覆盖层仅 5~10 cm。四周湖滨湖湾及东太湖区，淤泥厚度可达 0.5~1.0 m。个别被掩盖的古河道及洼地厚度可超过 1 m。淤泥中，大部分为黏土质粉砂，其中黏土（粒径小于 0.01 mm）质量分数占 20%~40%，而粉砂（粒径 0.01~0.1 mm）质量分数占 60%~80%。悬砂大部分为黏土质，其中黏土质量分数占 80% 以上，而粉砂约占 15%。

5.3.3 地形地貌

太湖流域地形呈周边高、中间低的碟状，西部为山区，属天目山山区及茅山山区的一部分，中间为平原河网和以太湖为中心的洼地及湖泊，北、东、南周边受长江和杭州湾泥沙堆积影响，地势高亢，形成碟边。湖底平均高程约 1.0 m，最低处约 0.0 m，岸边为 1.5 m 左右，湖西侧和北侧有较多零星小山丘，东侧和南侧为平原。江苏省环太湖周边由山地孤丘、平原和湖滨滩地组成，其中，山地孤丘岸线占 30%，主要分布在湖区北部及东北部，高程在 130~300 m 之间；平原滩地岸线占 70%，湖岸地面高程在 3.0~5.8 m，局部高程为 2.0 m。

5.3.4 河流水系

太湖环湖的出入湖河流共约 228 条，其中太湖北部直湖港以东至南部吴淞港以东河道以出湖为主，主要出湖河道有望虞河、太浦河和胥江等；入湖河道主要集中在太湖的西部和南部吴淞港以西，主要入湖河道有东苕溪、西苕溪、长兴港、太滆运河、漕桥河、烧香港、大浦港、城东港等。其中，位于竺山湖及西沿岸区北段区域的入太湖河道主要有：太滆运河、武宜运河、漕桥河、殷村港、雅浦河、沙塘港、大浦港以及其他众多小型入湖口门。

太滆运河位于武进区南部，太湖西北部，东南走向，西起滆湖，经寨桥、坊前，穿越武宜运河，经前黄、穿漕桥运村接锡溧漕河，折向南行，经宜兴分水墩，与漕桥河汇合，由百渎港入太湖。太滆运河全长 20 km，宽 50~55 m，是沟通太、滆两湖,调节滆湖水位的骨干河道之一,也是武进区南部地区沟通无锡市、宜兴市、溧阳市等地的主要航道,原设计标准底宽20~50 m,底高0 m,内坡比1:3,河岸受航运船只波浪冲刷严重,水质受滆湖影响较大。

漕桥河位于太湖西部,西起滆湖,经徐家荡,跨武宜运河,与太滆运河交汇于宜兴市周铁镇分水桥,再由百渎港入太湖,它是洮滆太主要行洪河道之一,全长23 km,其中,宜兴市和武进区公共段长6.9 km,宜兴市境内总长16.1 km。雅浦河北起武进港,南入太湖,全长7.5 km,在距离入太湖口2.5 km处建有雅浦港枢纽,规模为8 m的套闸一座。雅浦港枢纽是太湖流域综合治理骨干工程的重要控制工程,又是武澄锡低片南控制线的重要工程,工程经原国家计委、江苏省水利厅立项批准同意兴建,并于2001年全部竣工。

5.3.5 社会经济

太湖流域是我国经济社会最发达的地区之一。流域内有特大型城市上海,以及江苏省的无锡、苏州、常州、镇江和浙江省的杭州、嘉兴、湖州等7个地级市。其中常州市与上海、南京两大都市等距相望,市区北临长江,南濒太湖,沪宁铁路、沪宁高速公路、312国道、京杭大运河穿境而过。地貌类型属高沙平原、山丘平圩兼有。常州市行政区划设两市五区——金坛市、溧阳市、武进区、天宁区、钟楼区、戚墅堰区、新北区,全市土地总面积4 375 km^2,耕地面积2 047 km^2,陆地面积3 618 km^2,水域面积733 km^2。2009年末,全市户籍总人口约359.8万人,人口密度约为780人/km^2。常州是全国经济体制综合改革试点城市和长江三角洲最早开放的地区之一,2009年,全市实现地区生产总值(GDP)2 518.7亿元,比上年增长11.7%,按常住人口计算,人均GDP约为5.69万元。

武进区北濒长江,南临太湖,西衔滆湖,环抱常州市区,东邻江阴市、锡山区,南接宜兴市,西毗金坛市、丹阳市,与扬中市、泰兴市隔江相望,是沪宁杭城市经济圈中心地带,距上海、南京、杭州各百余千米,是我国最具发展活力的地区之一。1995年撤县设市,2002年撤市设区,成为常州市武进区。改革开放以来,武进区经济迅猛发展,综合实力不断增强,经济和社会发展水平在全国县级区域经济中始终处于领先地位。在历届"中国农村综合实力百强县(市)"评比中均名列前10位,是"中国明星县(市)""中国首批小康县(市)"之一。2009年,全区实现地区生产总值980亿元。

5.3.6 太湖湾旅游度假区

常州市武进太湖湾旅游度假区位于江苏省常州市武进区，是常州市6个重点开发的旅游区之一，地处武进区南部的雪堰镇境内，东临无锡市马山街道，西接宜兴市周铁镇，北至锡宜公路，南至太湖，包括沿湖500 m水域和大椒山、小椒山两座岛屿，规划控制范围为39.6 km²。为保证太湖湾旅游开发的高水平规划、高标准建设和高效率推进，由2002年8月成立的常州市武进太湖湾旅游度假区管委会全权负责度假区规划范围内的土地资源和风景旅游资源的开发建设。

其中，聘请丹麦卡博国际咨询顾问公司于2003年10月编制了《常州市武进太湖湾旅游度假区总体规划（2005—2020）》，为度假区日后能够成为以国际水准进行开发和管理的、主要面向长三角洲地区的高消费层次商务休闲市场湖滨度假胜地提供了建设蓝图。2005年3月和6月，太湖湾旅游度假区总体规划先后获得武进区人大常委会批准和武进区人民政府批复同意。

2005年9月，《太湖湾旅游度假区基础设施规划》又通过专家评审，取得批复。2006年3月，《武进太湖湾旅游度假区基础设施项目可行性研究报告》编制完成并获得批复。同年4月，《武进太湖湾旅游度假区环境影响报告书》通过评审，取得了批准文件。随后，太湖湾基础设施项目逐项报批，获准于8月开工建设。

太湖湾基础设施工程总投资约10.3亿元，包括道路、供电、供水、污水处理、雨水处理、通讯、燃气、照明、环卫，以及景观绿化和广场、停车场等公共设施，建设期为2006年至2020年。到目前为止，度假区已完成雪马路道路工程、湖滨路道路工程、环太湖路道路工程、太湖湾广场及太湖湾大道工程，污水处理一期工程，共计投资1.77亿元。

5.4 太湖岸线概况

5.4.1 岸线基本情况

太湖常州段岸线位于太湖西北部湖湾竺山湖的北岸，岸线西侧与无锡市宜兴市相邻，东侧与无锡市滨湖区相接，自太滆运河入太湖河口百渎港向东经九孔桥、西山嘴、庙嘴、邵后山、小城湾、虎头嘴,至雅浦河入太湖河口雅浦港为止,全长约5.4 km,由山地孤丘岸线和平原圩区岸线组成,其中,百渎港至小城湾段为山地孤丘岸线,小城湾至雅浦港段为平原圩区岸线。岸线范围示意图见图5.4-1。

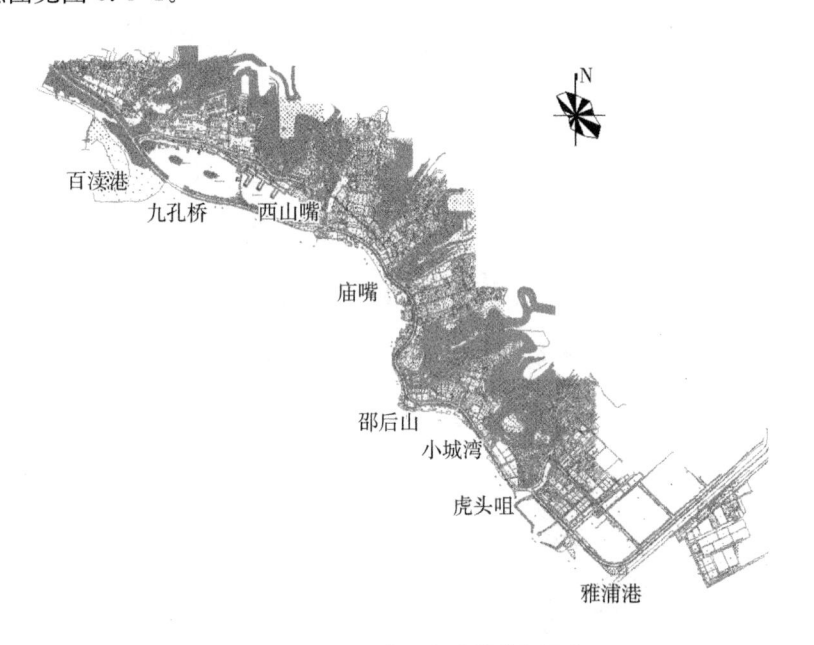

图5.4-1 太湖常州段岸线范围示意

5.4.2 环湖大堤现状

现状常州段岸线全线建有环湖大堤,均为路堤结合的堤段,堤顶环湖公路路面高程为5.5~7.0 m,路面宽12 m。环湖大堤护坡型式为浆砌石直立挡墙(图5.4-2)或斜坡式护坡结构(图5.4-3)。

在百渎港至西山嘴段环湖大堤上建有九孔桥一座,见图5.4-4,桥梁长度约138 m,其九个桥孔是沟通大堤北侧潟湖与南侧竺山湖水域的通道。当太湖水位较高时,九孔桥桥孔内水流由南向北自太湖流入潟湖;当潟湖北岸的山区发生洪水汇入潟湖时,桥孔内水流由北向南自潟湖流入太湖,降低潟湖水位。

图 5.4-2　环湖大堤现状照片(直立式结构)

图 5.4-3　环湖大堤现状照片(斜坡式结构)

5.4.3　岸线太湖侧现状

1. 百渎港—九孔桥段

百渎港—九孔桥段岸线长约 879 m,该岸线位于太滆运河入湖河口区域。太滆运河水流入湖后,流速明显减缓,河口区长期淤积,水体变浅,形成河口湿地。湿地总面积约 0.13 km²,东西长约 632 m,南北宽约 210 m,滩面高程

图 5.4-4　九孔桥现状照片

约 3.54 m。淤泥深度从 0.2～0.9 m 不等,水深分布集中在 0.9～1.8 m。现有陆地植被主要为香樟、桃、柳树、杂灌木、蔬菜、拉拉藤等,水生植被主要为沿路荷花种植带、芦苇、茭白、水葱、水葫芦、水花生等。

2. 九孔桥—西山嘴段

九孔桥—西山嘴段岸线长约 1 177 m,环湖大堤背面为内湖(潟湖)湖区,岸线较顺直,该区域太湖侧的湖滨滩地很少,仅在西山嘴附近局部区域有部分带状滩地,滩地东西长约 425 m,南北宽约 25 m,滩面高程约 5.4～6.5 m。此处水生植被稀少,石质太湖大堤裸露,现有陆地植被主要为公路绿化带。

3. 西山嘴—庙嘴段

西山嘴—庙嘴段岸线长约 564 m,为一个凹弯段,该区域太湖侧带状滩地发育分为二块:①靠近西山嘴处的一片滩地长约 252 m,自大堤向湖区宽约 50 m,面积约 0.013 km^2,滩面高程约 2.26～4.63 m,主要为芦苇生长带;②另一片相邻的带状滩地长约 424 m,宽约 40 m,面积约 0.016 km^2,滩面高程约 3.13～3.26 m,现有芦苇、香蒲、水葱、茭白、水葫芦、水花生等水生植被。

4. 庙嘴—邵后山段

庙嘴—邵后山段岸线长约 668 m,也是一个凹弯段,湖滨滩地东西长约 457 m,南北宽约 80 m,总面积约 0.031 km^2,滩面高程 3.4～4.4 m。陆地植被有刺槐、构树、梨树、杂灌木、拉拉藤等,浅水区及周围滩地上有成簇分布的芦苇、香蒲、茭白、水葫芦等。

5. 邵后山段

邵后山段岸线长约 406 m,是一个凸弯,由于处于两湾之间,该段岸线突出于太湖水面,风浪较大,底泥少,植被分布很少,只在东段拐弯处有部分滩地,滩地面积约 0.012 km^2,滩面高程约 4.2~5.0 m,有少量芦苇分布。

6. 小城湾—虎头嘴段

小城湾—虎头嘴段岸线为平原圩区岸线,岸线长约 825 m,其中小城湾附近岸线是一个凹弯段,湖滨滩地面积约 0.015 m^2,滩面平均高程约为 3.24 m,该水域原生芦苇群落生长茂密,连片分布;小城湾以东至虎头嘴段岸线为顺直段,仅在靠近虎头嘴处有条带状湖滨滩地分布,面积约 0.006 km^2,滩面高程约 3.53 m,水生植被主要为芦苇。

7. 虎头嘴—雅浦港段

虎头嘴—雅浦港段也为平原圩区岸线,岸线长约 880 m。在虎头嘴东侧岸线段现有避风港一座,是原常州市太湖水产品交易市场避风港。

5.4.4 岸线背水侧现状

1. 百渎港—西山嘴段

百渎港至西山嘴段为山地孤丘岸线,岸线背水侧现有一个潟湖,潟湖东西长 1 099 m,南北宽 277 m,水面面积 0.22 km^2,湖底高程约 0.6 m。潟湖水域通过环湖大堤上的九孔桥与太湖竺山湖湾相通,并参与太湖蓄洪。在潟湖内现建有国家龙舟竞赛基地,内有标准龙舟赛道。

2. 西山嘴—虎头嘴段

西山嘴至虎头嘴段岸线长约 2 463 m,其背水侧均为山丘及鱼塘,有邵后山、东山、虎头山等,山丘高程在 25~77 m,山脚下地面高程约 9.53~10.33 m。在庙嘴附近正在建设太湖湾旅游度假区项目之一的中华孝道园。

3. 虎头嘴—雅浦港段

虎头嘴至雅浦港段岸线长约 880 m,其背水侧为平原圩区,即太滆圩,圩区地面高程约 3.4 m。

5.5 涉水建设项目概况

5.5.1 基本情况的介绍

避风港提升改造工程位于竺山湖的常州武进区虎头嘴至雅浦港岸段(见图 5.5-1),在太湖湖泊蓄水保护范围线内,属于渔业用水开发利用区。新工程在原常州市太湖水产品交易市场避风港(主要工程结构含港池、防波堤、隔堤、靠泊设施等,现已迁建到雅浦港枢纽西侧三角地带,占地面积约 9.90 万 m^2,更名为太滆渔民交易市场)基础上,拟新修突堤式码头栈桥 3 座,瞭望塔 1 座,另外,对原有港区主入口进行道路改造,以及进行港池的清淤工作等,不涉及新占太湖岸线的工程行为。

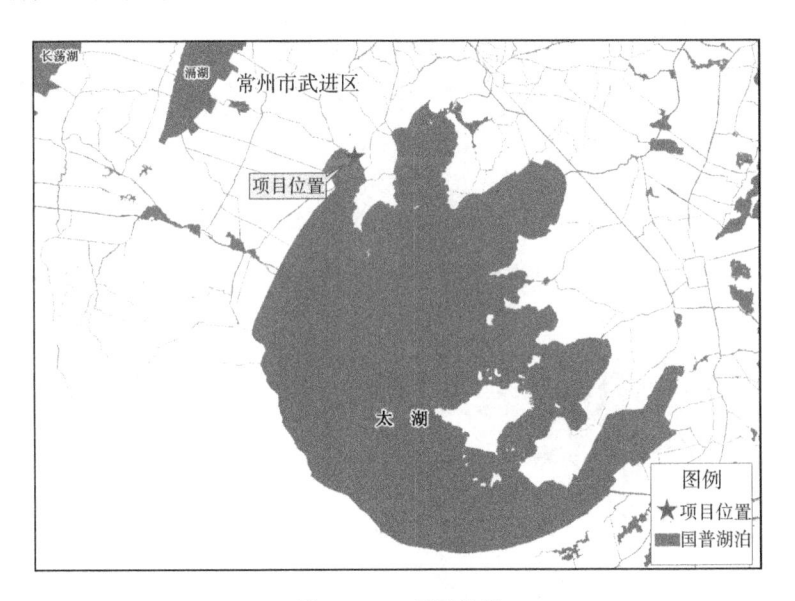

图 5.5-1 项目位置

现状避风港利用岸线长度约 400 m,其岸线的背水侧(图 5.5-2)为环湖路,环湖路护岸结构为浆砌石直立式挡墙结构,且紧靠正在开发中的太湖庄园(住宅、商业综合体)。向水一侧(图 5.5-3)包括:

1) 港池水域面积约 6 万 m^2;港池口门(图 5.5-4)宽 85 m,距离环湖路直线距离约 200 m;港池泥面高程为 2.50 m 左右;

2）东、西、南三侧建有斜坡式抛石防波堤（图5.5-5），堤顶高程约4.80～5.74 m，堤顶水泥路面宽约5～10 m，西侧防波堤长约350 m，东侧防波堤长约130 m，南侧防波堤长约110 m；

3）港池内有土质隔堤一条（图5.5-6），长约168 m，宽约5～8 m，其一侧与环湖路相连，一侧延伸到近口门位置，将港池分为西北区和东南区2块相对独立的水域，堤头筑有水泥平台1座，平台长宽约21 m；

4）临环湖路还分布有约10 m宽的滩地（图5.5-7），滩面高程一般在3.5～5.5 m，滩地上建有电线杆和路灯等公用设施，东南区水域滩地上筑有水泥路面，方便船舶人员上岸、登船、装卸货物。

图5.5-2 避风港背水侧现场照片（环湖路，太湖庄园、路堤护岸结构等可见）

图5.5-3 避风港向水侧现场照片（隔堤、港池口门、防波堤等可见）

图 5.5-4 避风港港池口门照片(站在南侧防波堤堤头向东侧防波堤拍)

图 5.5-5 东侧防波堤路面(左)及南侧防波堤堤身抛石(右)

图 5.5-6 避风港隔堤现场照片(长满芦苇,堤头清晰可见)

图 5.5-7　沿湖岸滩地现场照片(左:西北区水域;右:东南区水域)

5.5.2　周边水系及水利工程

1)项目周边水系

项目周边水系主要包括:

(1)太隔运河(避风港口门距离其入湖口约 4.2 km):太㴩运河位于江苏省常州市武进区南部、㴩湖东部,东南走向,西起㴩湖,由百渎口入太湖,全长约 20 km,是武进区"三横三纵"骨干河道之一,是贯通㴩湖和太湖的主要水力通道,也是太湖主要入湖河流之一;

(2)雅浦港(避风港口门距离其入湖口约 600 m):雅浦港是环太湖重要的入湖河道之一,其北端通过武进港与太湖梅梁湖相通,南端建有雅浦港枢纽,与竺山湖连接;

(3)古竹运河(避风港口门距离其入湖口约 2 km):古竹运河位于无锡市滨湖区的马山镇,是连通太湖梅梁湖和太湖竺山湖的便捷水道。

2)项目区已建的水利工程

项目区已建的水利工程主要包括环湖大堤和雅浦港枢纽:

(1)环湖大堤

工程所属堤段环湖大堤工程是按流域 1954 年型太湖防洪标准进行的建设,其堤顶(环湖公路路面)高程为 7.0 m 左右,路面宽 12 m。环湖大堤护岸型式为浆砌石直立式挡墙结构或斜坡式护坡结构。

(2)雅浦港枢纽

雅浦港枢纽工程于 2001 年竣工,是太湖流域综合治理骨干工程中环太湖大堤的重要控制工程之一,担负着武澄锡低片区防洪、排涝、航运和改善水环境等重要任务,是具有综合社会经济效益的水利工程。本项目距离雅浦港枢纽约2 km。

5.5.3 项目建设的目的

现状避风港船舶无序停靠、杂草丛生、废弃物乱排乱放等脏乱差现象突出(图5.5-8),为此通过实施避风港提升改造工程,达到:

1)进一步配合做好武进区太湖湾生态整治工程和环湖景观工程,加大环湖基础设施建设和水环境整治保护开发力度;

2)以更高标准拓展武进太湖湾旅游度假区黄金岸线,进一步彰显武进太湖湾旅游度假区的环境优势和特色魅力;

3)提供停泊安全、环境良好的避风港,改变渔船停靠无序、环境杂乱、与生态景观要求不相融的现状。

图5.5-8 船舶无序停泊的现场照片,并可见随意丢弃的垃圾,景观十分凌乱

5.5.4 项目建设必要性

1)项目实施符合《太湖流域水环境综合治理总体方案》和《江苏省太湖水

污染治理工作方案》

为恢复太湖山青水美的自然风貌,确保饮用水安全,实现经济社会和环境协调发展,国务院批复的《太湖流域水环境综合治理总体方案》提出了污染物总量控制、调整产业结构、防治农业面源污染、加强生态修复及建设等十大类流域水环境综合治理主要任务。另外,《江苏省太湖水污染治理工作方案》也提出在太湖主要入湖河口、湖湾、水源保护区和沿湖湖荡地区,全面开展防污治污的工作。工程的实施,将改变现状渔港环境杂乱、污水及废弃物乱排乱放的现象,因此,符合《太湖流域水环境综合治理总体方案》和《江苏省太湖水污染治理工作方案》的治理要求。

2) 项目实施是常州市旅游产业发展的需要

按照"依托江海,接轨上海,走向世界,全面小康"的发展思路,常州市以建设文化名城为目标,不断加大景区景点投入和建设力度,旅游基础设施日趋完善,接待能力显著提升,旅游的知名度和美誉度大幅提升。其中,太湖湾旅游度假区是常州市6个重点开发的旅游区中优先发展的地区,为此,已投入4亿多元进行太湖湾旅游度假区的基础设施建设、拆迁安置和环境治理,改善了区域环境。本项目的实施,可进一步改善太湖湾旅游度假区及周边地区的景观环境,提升旅游区的综合竞争力,对促进区域旅游事业的发展具有积极的作用。

5.5.5 项目建设的内容

1) 码头

避风港码头改建设计中,为减少工程投资,采用"突堤式"布置,并保留了原有防波堤、隔堤及原有泊船设施。另外,避风港主要停泊的是小型船舶,船型相对较小,为方便作业,同时考虑太湖岸线景观要求,采用固定装码头的形式。

(1) 在港池的西北区水域,设突堤式码头3座,码头间距70 m,结构采用栈桥式,每座码头设置泊位20个,共计可停靠60艘小型船舶。

(2) 主栈桥长95.1 m,宽5 m,桥面高程为5.60 m,两侧设固定栏杆,栈桥为C35钢筋混凝土板梁结构,板厚为0.20 m,纵横梁尺寸均为0.7 m×0.8 m(宽×高),基础采用C35钢筋混凝土预制方桩,方桩断面为0.4 m×0.4 m,桩长15 m。

(3) 码头基础采用灌注桩桩基加筏板基础,即在筏板基础上设置直径 700 mm 的灌注桩支撑上部结构。

(4) 码头设计泥面高程为 1.50 m,现状泥面高程在 2.50 m 左右。

(5) 栈桥与驳岸连接处,用人行踏步连接,保持原有驳岸不破坏。

2) 主入口广场设计

在太湖庄园主入口处,进行改造提升,通过把自然元素与人工元素的秩序性、效率性、审美性以及生态敏感性等组织与整合,体现太湖区域的景观意象。主入口按人行设计,坡度为 5‰,各种机动车辆包括绿地养护车辆一律不准通行;入口广场采用花岗岩铺装,面层以下做法为:100 mm 厚 C20 素混凝土结构层(按施工规范要求设置伸缝和缩缝,不同结构层之间填沥青甘蔗板,面层防水油膏填缝);150 mm 厚碎石垫层压实;素土夯实分层厚度 ≤300 mm,密实度>94%。

3) 瞭望塔

设在主入口西侧,建于水面,利用栈桥通过一段水面进入。该建筑是避风港区域的辅助用房,在设计时结合水体景观布置。瞭望塔基座长 32.9 m,宽 24.8 m,塔身高度 8 m,塔基顶板高程 5.6 m;基础采用灌注桩桩基加筏板基础,在筏板基础上设置 600 mm×600 mm 框架柱。

4) 瞭望塔栈桥

瞭望塔栈桥长 51.86 m,桥面宽度 6 m,基础采用灌注桩桩基加筏板基础,在筏板基础上设置钢筋混凝土立柱支撑上部结构。

5) 港池内清淤及公路大堤状况

港池清淤深度为 1 m,总清淤量约为 6 万 m³。原有公路大堤靠近环湖路一层,对公路大堤保留现状。

5.5.6 项目的施工方案

码头栈桥和瞭望塔栈桥基础均采用灌注桩桩基加筏板基础,在筏板基础上设置钢筋混凝土立柱支撑上部结构。基础施工时选择湖泊枯水期(低水位)时进行施工。结合避风港内的清淤工程,在原有堤防和湖泊连接处修建施工围堰,施工围堰断面尺寸同现有堤防断面尺寸,在围堰内部进行清淤及栈桥基础的施工。清淤泥浆和灌注桩钻孔泥浆应外运至专用堆放场地,严禁污染周边湖泊水体。

灌注桩由专业施工单位进行施工。灌注桩钻孔达到设计高程后，应检查孔深和孔径，符合设计要求方可进行清孔。清孔时必须保持孔内水头，防止坍孔，不得用加深钻孔深度的方式代替清孔。孔底沉淀土厚度如不能达到规定值要求，则应进行二次清孔。经检查孔内泥浆指标和孔底沉淀土厚度达到设计和规范要求后，方可浇注桩身混凝土，浇筑应一次完成，不得间断。灌注桩施工完毕后，应清理上部钢筋，保证与筏板连接钢筋表面清洁。筏板基础施工完毕后，再进行上部结构的施工。上部结构的施工均采用常规施工。

5.6 水利工程规划及实施安排

5.6.1 《太湖流域水环境综合治理总体方案》

根据国务院批复的《太湖流域水环境综合治理总体方案》（以下简称《总体方案》），太湖流域水环境治理的近期目标为太湖湖体水质由劣Ⅴ类提高到Ⅴ类，东部沿岸区水域水质由Ⅴ类提高到Ⅳ类，富营养化趋势得到遏制，主要饮用水水源地及其输水骨干河道水质基本达到Ⅲ类。远期太湖湖体水质基本达到Ⅳ类，富营养化程度有所改善。为达到太湖治理的目标任务，《总体方案》中制定了饮用水安全、工业点源污染治理、城镇污水处理及垃圾处置、面源污染治理、提高水环境容量、生态修复、河网综合整治等一系列工程措施。

5.6.2 《江苏省太湖水污染治理工作方案》

为贯彻落实国务院关于太湖水污染治理工作的部署要求，进一步加大污染治理力度，全面改善太湖水环境质量，促进流域经济社会又快又好发展，江苏省人民政府制定了《江苏省太湖水污染治理工作方案》（以下简称《工作方案》），提出"采取控源、截污、引流、清淤、修复等多种措施，对太湖流域进行全面、系统、科学的污染治理"，恢复太湖地区山清水秀的自然面貌。

规划对太湖底泥淤积较多、污染较重、生物多样性较差的竺山湖、梅梁湖、贡湖、东太湖等湖区及入湖河口实施生态疏浚清淤，疏浚面积 94 km²，土方 3 000 万 m³。2010 年年底前完成疏浚面积 42 km²，土方 1 000 万 m³。在太湖主要入湖河口、湖湾、水源保护区和沿湖湖荡地区，全面开展湿地恢复重建和植树造林，建设滨湖林带、前置库、人工湿地等生态隔离带。

5.6.3 《太湖流域防洪规划》

根据国务院批复的《太湖流域防洪规划》(以下简称《防洪规划》),力争到2015年,太湖流域防洪标准达到50年一遇,重点防洪工程按照100年一遇防洪标准建设;到2025年,太湖流域防洪标准达到100年一遇。

流域防洪总体布局以治太骨干工程为基础,以太湖洪水安全蓄泄为重点,充分利用太湖调蓄,完善洪水北排长江、东出黄浦江、南排杭州湾的工程布局,新增防洪工程,妥善安排洪水出路。重点实施环湖大堤后续工程、望虞河后续工程、太浦河后续工程、新孟河延伸拓浚工程、吴淞江行洪工程,扩大杭嘉湖南排工程、新沟河延伸拓浚工程、东西苕溪防洪后续工程等。

其中,环湖大堤后续工程以加固培厚、基础防渗、处理堤身隐患,增强堤防抗风浪能力为重点,包括堤身土方填筑及堤后填塘固基、护砌工程、防汛公路、口门建筑物、入湖河道拓浚、桥梁等工程。工程按照防御流域100年一遇洪水标准设计,考虑到环湖大堤的重要性,工程设计按照1999年实况洪水位复核,东段暂定为2级堤防,西段暂定为3级堤防,部分堤段视其保护范围的重要程度可做适当调整。

5.6.4 《太湖流域重要河湖岸线利用管理规划》

为实现岸线资源的科学管理、有效保护和合理利用,按照水利部的统一部署,太湖流域综合规划将岸线利用管理规划列为重要的专项规划之一。2007年4月,太湖流域管理局启动了《太湖流域重要河湖岸线利用管理规划》(以下简称《岸线利用规划》)编制工作,并于2009年2月完成了《岸线利用规划(征求意见稿)》。规划目标为:按照岸线资源特征和经济社会发展要求,科学合理地划分岸线功能区,形成保护为主、合理利用的格局。

岸线功能区分为岸线保护区、岸线保留区、岸线控制利用区和岸线开发利用区。常州市武进区太湖岸线起于雅浦港,止于百渎港,水域属太湖水功能一级区划保护区,岸线功能区以保护区为主,其中,太滆圩已在江苏省太湖保护规划中划分为非湖区,岸线规划以旅游开发为主,为控制利用区。武进区段保护区岸线长5.40 km,控制利用区岸线长1.42 km。

在岸线保护区内允许建设的项目有:与防洪、供水、水资源保护及水污染防治有关的项目;结合堤防改造加固进行的道路建设项目;景观、绿化及其他与岸线环境整治有关的项目;其他公共基础设施项目或社会公益性项目。在岸线控制利用区内允许建设的项目有:符合保护区管理要求的项目;旅游或码头项目。

5.6.5 《江苏省省管湖泊保护规划》和《江苏省太湖保护规划》

根据《江苏省湖泊保护条例》要求,江苏省水利厅自2004年10月组织开展全省湖泊保护规划;2006年12月,《江苏省省管湖泊保护规划》获江苏省政府批复同意,该规划共包括汇总报告和12个省管湖泊和3个跨市湖泊的规划成果,《江苏省太湖保护规划》是其中之一。

《江苏省太湖保护规划》明确了太湖保护和管理总体要求,是太湖保护、开发、利用、管理和有关专项规划的依据。其规划太湖保护范围面积为2 592 km^2,包括设计洪水位4.8 m以下的太湖水体、湖内滩地、湖内岛屿、太湖堤防及其护堤地、出入湖河道口门建筑物及其保护范围。其中,太湖蓄水保护范围为太湖多年平均水位3.07 m以下的区域,蓄水保护范围面积为2 338 km^2。

太湖保护总体目标为:维护太湖生命健康,太湖保护范围和蓄水保护范围不缩小,防洪与蓄水库容不减少,满足周边及下游地区的防洪安全、供水安全和生态保护要求,促进资源可持续利用,适应区域经济社会可持续发展。

5.7 湖泊演变

5.7.1 湖泊形成过程

太湖古名震泽,又名笠泽,居太湖流域中部、江苏省南部。太湖跨江苏、浙江两省,湖面大部分位于江苏省境内,江苏省境内行政隶属无锡市、常州市及苏州市三市。浙江省境内湖面属湖州市。其湖岸西南部呈半圆形、东北部曲折多岬湾。除局部地区存在古河道和洼地之外,湖底平浅,平均水深一般低于2.0 m,最大水深一般低于3 m,是典型的浅水型湖泊。

关于太湖的成因,最早见之于《尚书·禹贡》,"三江既入,震泽底定"。《周礼·职方氏》记载"薮曰具区,川曰三江"。此后,历代诸多学者对其成因进行考证,但是尚无一致的看法,并逐步形成了潟湖成因理论、构造成湖理论和洪涝宣泄不畅而于低地积水成湖等理论。其中潟湖成因理论最为广泛,该理论认为,现代太湖起源于古海湾和潟湖,太湖平原是与海洋相通的大海湾,由于长江南岸沙嘴向东延伸与反曲,包围了太湖地区,使原来的海湾逐渐演变成潟湖,最后从潟湖变成与海洋完全隔离的湖泊。

5.7.2 湖泊演变分析

太湖是我国重要的淡水湖泊,地处长江三角洲人口稠密区,不仅是上海、苏州、无锡等城市的水源地,也是重要的旅游风景区和水产品生产基地,同时在流域的防洪、水量调节方面起着举足轻重的作用,对于流域内经济发展和人民生活具有重大意义。过去,人口的增长和经济的发展,加上湖泊保护意识的淡薄,导致太湖水域面积长期因围垦、养殖、建设用地侵占等人为因素而逐年减少,这严重影响到太湖调节洪水的能力,加剧湖区洪涝灾害的发生,同时造成湖泊生态环境与生物资源破坏等。

据相关学者调查和分析统计,20 世纪 50—70 年代,太湖由于围湖种植和围湖养殖等,湖泊面积共减少 160.17 km^2,湖面减少率约为 6.83%。进入到 20 世纪 80 年代,这一减少趋势仍在继续,但幅度有较大的减缓。参考图 5.7-1,从 1988 年到 2003 年,太湖湖泊面积减少 9.022 6 km^2,其中围垦用于鱼塘、耕地、林地和建设用地的面积为 4.458 4 km^2。到了最近 10 年,随着《江苏省湖泊保护规划》《太湖流域重要河湖岸线利用管理规划》《太湖流域防洪规划》等的颁布实施,相关部门正逐步清退太湖保护范围内的围垦、围网,修整防洪大堤,最终将形成太湖完整的防洪堤防,湖泊形态也将趋于稳定。

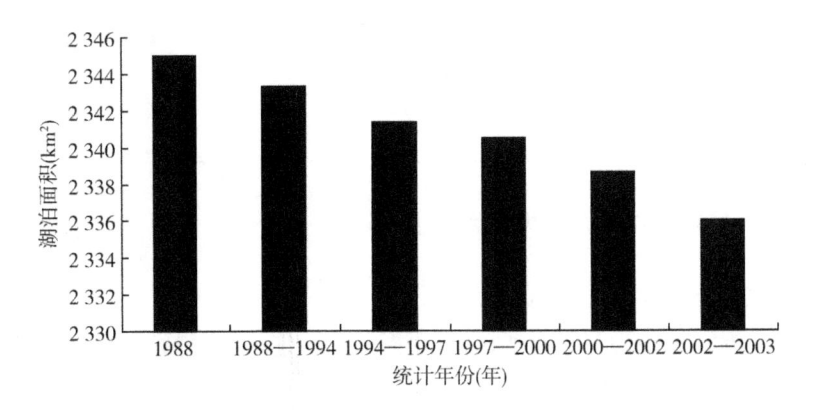

图 5.7-1 太湖湖面变化情况

5.8 防洪评价计算

5.8.1 工程对湖泊水面积及库容的影响计算

根据2008年2月26日国务院批复的《太湖流域防洪规划》，太湖防洪大堤设计标准为100年一遇，设计水位为4.80 m，因此，工程建设引起的太湖库容变化按照太湖防洪设计水位4.80 m以下的库容计算。工程建设新占的太湖水面面积按照3.23 m（太湖2005—2012年平均水位）以上部分计算。

本工程影响湖泊防洪的主要是码头以及附属结构的桩基或筏板，主入口人行道基础在原地面高程4.8 m以上填筑，不对其产生影响。按照仅考虑建筑物实际占有的水体体积和面积的计算原则，计算工程新占太湖的水面面积和库容，结果参考表5.8-1：工程新占的太湖水域面积为47.36 m²，库容因港池清淤增大了5.94万 m³。按照太湖水域面积2 338 km²及库容83.3亿 m³计算，因本工程建设而引起的太湖水域面积减少微乎其微，对太湖本身的最高洪水位没有实质性的影响，因而不会对太湖及周边地区产生防洪影响。

表 5.8-1　工程新占太湖水面面积及库容

工程内容	新占湖区水面积(m²)	新占太湖库容(万 m³)	备注
栈桥桩基	47.36	0.06	考虑筏板基础的影响
港池清淤	0	−6.00	港池清淤，增大库容
合计	47.36	−5.94	"−"号表示库容增加

5.8.2 工程对环湖大堤安全的影响分析

1) 工程与环湖大堤搭接产生的影响

避风港码头栈桥与驳岸连接处，用人行踏步连接，保持原有驳岸不破坏。

2) 堤防整体稳定复核

针对港池清淤（从泥面平均2.5 m高程清淤至1.5 m高程），进行堤防整体稳定复核。

(1) 计算原理

堤防稳定计算方法采用瑞典圆弧滑动计算法,按圆弧滑动面计算。根据《堤防工程设计规范》(GB 50286—2013),该法假定土坡失稳破坏可简化为平面应变问题,破坏滑动面为一圆弧面,计算时将可能滑动面以上的土体划分成若干铅直土条,略去土条间相互作用力的影响,据此,可计算出产生滑动的作用力 S 和抗滑力 T。稳定安全系数 K 定义为抗滑力相对于圆心的阻滑力矩与作用力产生的滑动力矩的比值,即 $K=T/S$。

以设计水位渗流稳定期堤坡有效应力法为例说明如下:

①依据瑞典圆弧法确定可能产生的滑动面圆心。

②依据圆心绘出可能发生的滑动面。

③将土条编号,土条宽度为半径 R 的 1/10。计算断面位置参考图 5.8-1 和图 5.8-2。

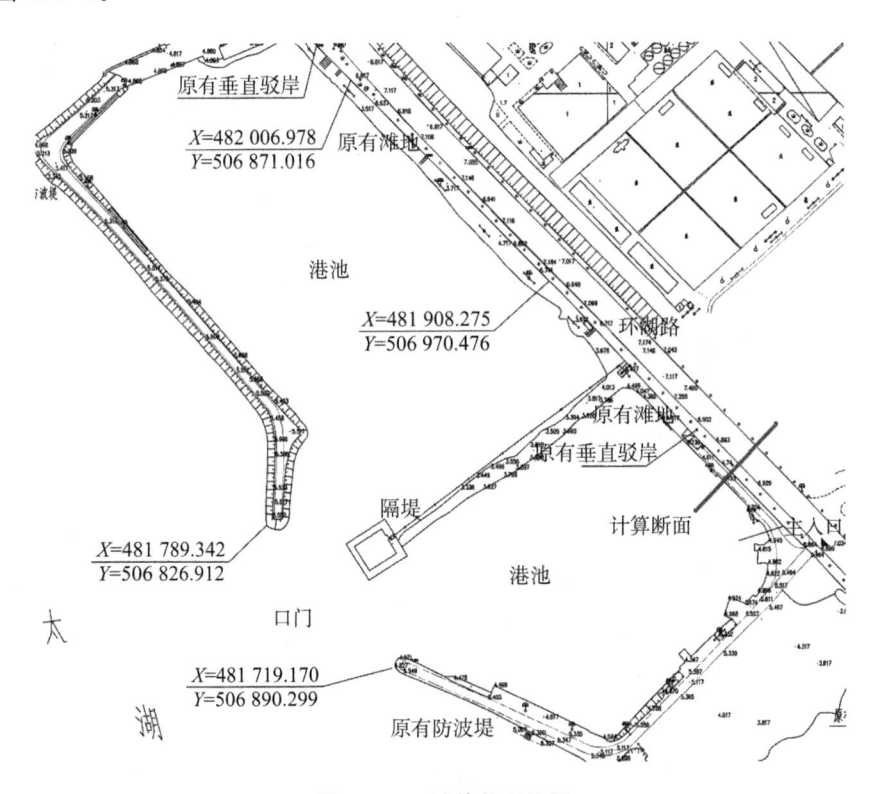

图 5.8-1 计算断面位置

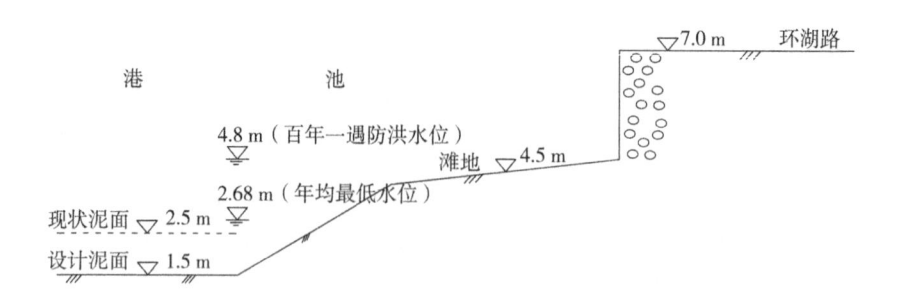

图 5.8-2 计算断面剖面示意

④安全系数计算公式：

$$K = \frac{\sum[(W_i \times \cos\alpha_i - ub\sec\alpha_i - Q_i\sin\alpha_i) \times \tan\varphi_i' + C_i'b\sec\alpha_i]}{\sum W_i \sin\alpha_i}$$

(5.8-1)

式中，Q_i 为水平地震惯性力(kN)；W_i 为土条的重量(kN)；u 为空隙水压力(kPa)；α_i 为条块重力线与通过此条块地面中点的半径之间的夹角(°)；φ_i' 为土条的内摩擦角(°)；C_i' 为土条底面的有效应力抗剪强度(kPa)；b 为土条的宽度(m)。

(2) 抗滑稳定分析边界条件

①抗滑稳定允许最小安全系数的确定

根据《堤防工程设计规范》(GB 50286—2013)，1级堤防抗滑稳定最小安全系数在正常运用条件下为1.30，非正常运用条件下为1.20。

②计算工况

根据《堤防工程设计规范》(GB 50286—2013)，计算工况分为正常情况和非正常情况。正常情况考虑两种工况，一是设计洪水位下背水侧堤坡的稳定；二是设计洪水位骤降期的临水侧堤坡的稳定。本工程只考虑正常情况下设计洪水位骤降期的临水侧堤坡的稳定。

③计算水位组合

考虑设计洪水位骤降期的临水侧堤坡的稳定(不考虑地震情况)，设置最高水位4.80 m，最低水位2.68 m。

(3) 抗滑稳定计算成果及结论分析

经计算,该计算断面堤防边坡稳定安全系数为1.78,满足规范要求,因此港池清淤不会对环湖大堤安全产生影响。

5.8.3 码头、瞭望塔栈桥设计高程复核计算分析

对码头栈桥、瞭望塔栈桥5.6 m设计高程进行复核计算分析,分析计算采用设计高水位加50年一遇的风浪计算高度(1%累积频率波高在静水面以上的波峰面高度)加安全超高值之和。其中码头设计高水位参照《河港工程总体设计规范》(JTJ 212—2006),按照码头受淹损失类别三类,取太湖10年一遇设计水位4.17 m,安全超高参考该规范取0.5 m。风浪计算采用莆田公式[《海港水文规范》(JTJ 213—1998)]:

$$\frac{g\bar{H}}{V^2}=0.13\mathrm{th}\left[0.7\left(\frac{gd}{V^2}\right)^{0.7}\right]\times\mathrm{th}\left\{\frac{0.0018\left(\frac{gF}{V^2}\right)^{0.45}}{0.13\mathrm{th}\left[0.7\left(\frac{gd}{V^2}\right)^{0.7}\right]}\right\} \quad (5.8\text{-}2)$$

式中,g 为重力加速度(m/s²);d 为风区平均水深(m);F 为风区长度(m);V 为设计风速(m/s);$\bar{H}$ 为平均波高(m)。

式(5.8-2)中,风区平均水深取4.17 m水位下的太湖平均水深3.07 m,风区长度取太湖的平均宽度35.7 km(偏安全),设计风速取50年一遇风速20 m/s(东山站),另外,《海港水文规范》(JTJ 213—1998)中平均波高与1%累积频率波高的转换关系如下:

$$H_{1\%}=2.42\bar{H} \quad (5.8\text{-}3)$$

根据公式(5.8-2)和公式(5.8-3),计算得到 $H_{1\%}=1.452$ m。进一步,取港池内波浪的绕射系数 $K_d=0.5$ 以及码头前沿波浪反射程度系数 $a=1$(当码头前沿波浪发生部分反射时,取0.5~1),计算港池码头栈桥部位静水面以上的波峰面高度,得到:

$$H'=aK_dH_{1\%}=1\times0.5\times1.452=0.73\text{ m} \quad (5.8\text{-}4)$$

综上,设计高水位(4.17 m)+50年一遇静水面以上波高(0.73 m)+安全超高值(0.50 m)=5.40 m,原设计5.60 m高程满足防洪要求。

5.8.4 避风港港池泥沙回淤计算分析

工程区湖面风力较强,产生的波浪波高较大,而水流流速较小,一般不大于 0.10 m/s。引起底床泥沙悬浮的主要动力是风成浪,水流对水体含沙量的影响较小,只是起到传输泥沙的作用,所以"风浪掀沙、湖流输沙"是避风港港池淤积的主要原因,可通过半经验计算公式——刘家驹公式对其进行近似计算:

$$P = \frac{K_2 \omega S t}{\gamma_0}\left[1 - \frac{d_1}{2d_2}\left(1 + \frac{d_1}{d_2}\right)\right] \quad (5.8\text{-}5)$$

其中,P 为港区淤积厚度(m);S 为波浪和湖流共同作用下水体平均含沙量(kg/m³);t 为淤积历时(s);K_2 为淤积系数,在缺少现场资料的情况下,取 $K_2=0.13$;d_1、d_2 分别为港区开挖前水深和港区开挖后水深(m);ω 为泥沙沉速(m/s)。

γ_0 为与粒径有关的表层淤积物的干密度(kg/m³),在回淤计算中,淤积干密度 γ_0 是一个比较重要的物理量,可以根据泥沙的中值粒径 D_{50}(mm),采用下述公式进行计算:

$$\gamma_0 = 1\ 750 D_{50}^{0.183} \quad (5.8\text{-}6)$$

在没有完整现场资料的情况下,可用下式计算水体的平均含沙量:

$$S = 0.027\ 3\gamma_s \frac{(|V_1| + |V_2|)}{gd_1} \quad (5.8\text{-}7)$$

式中,V_1 为潮流和风吹流的时段平均合成流速(m/s);V_2 为波浪水质点的平均水平速度(m/s),正常波浪情况下波动水质点的平均速度 $V_2=0.2(H/d_1)C$,其中,H 为波高(m);C 为波速(m/s);γ_s 为泥沙颗粒密度(kg/m³);g 为重力加速度(m/s²)。

计算参数的近似选择为:风速取工程区多年平均风速 3.0 m/s;平均水位取 3.23 m;泥沙中值粒径取 0.017 mm;泥沙沉速按一般淤泥质泥沙絮凝沉速取 0.000 5 m/s。计算结果显示,清淤后的港池,多年平均淤积厚度为 0.195 m,第一年淤积量一般较多年淤积大 30%~50%,建议工程实施后加强对港区水文和地形观测,借此制定疏浚计划,维护港池水深。

5.8.5 施工围堰顶高程复核计算及度汛措施

1) 围堰高程复核计算

为进行清淤及基础施工,在原有堤防口门处修建施工围堰,施工围堰断面尺寸参考现有斜坡式堤防断面尺寸,堤顶高程 5.55 m,顶宽 5 m,堤面外坡比为 1∶1.7。

围堰顶部高程按照度汛洪水标准的静水位加波浪爬高与安全加高复核计算。根据《水利水电工程围堰设计规范》(SL 645—2013)和《堤防工程设计规范》(GB 50286—2013),确定本工程土石围堰级别为 5 级。防洪标准取 10 年一遇标准(4.17 m),堤顶安全超高取 0.5 m,风浪取该地区多年极值平均风速 10 m/s。

参考《海港水文规范》(JTJ 213—1998),风浪爬高(累积频率为 1%的爬高)$R_{1\%}$ 可按下式计算:

$$R_{1\%} = K_\Delta K_U R_1 H_{1\%} \tag{5.8-8}$$

式中:

$$R_1 = K_1 \text{th}(0.432M) + [(R_1)_m - K_2]R(M) \tag{5.8-9}$$

$$M = \frac{1}{m}\left(\frac{L}{H_{1\%}}\right)^{1/2}\left(\text{th}\frac{2\pi d}{L}\right)^{-1/2} \tag{5.8-10}$$

$$(R_1)_m = \frac{K_3}{2}\text{th}\frac{2\pi d}{L}\left[1 + \frac{4\pi d/L}{\text{sh}\frac{4\pi d}{L}}\right] \tag{5.8-11}$$

$$R(M) = 1.09 M^{3.32}\exp(-1.25M) \tag{5.8-12}$$

式中,$R_{1\%}$ 为波浪爬高(m),从静水位算起,向上为正;d 为静水位水深(m);H,L 分别为设计波高和波长(m);R_1 为 $K_\Delta=1$、$H=1$ m 时的波浪爬高(m);$(R_1)_m$ 为相对于某一 d/L 时的爬高最大值(m);M 为与斜坡的 m 值有关的函数;$R(M)$ 为爬坡函数;$K_1=1.24$、$K_2=1.029$、$K_3=4.98$;K_Δ 为与护坡结构形式有关的糙率系数,对本工程可按 0.60 取值;K_U 为与风速 U 有关的系数,按规范取值。

以上计算得到的风浪爬高值为 0.75 m,进而得到围堰顶高程为 5.42 m,

原围堰设计高程为 5.55 m，设计值满足安全要求。但是对于现状部分防波堤堤顶高程低于 5.42 m 的断面，建议用黏土沙袋等做加高处理。

2）度汛措施建议

（1）成立防汛小组，责任落实到人；

（2）组织全体人员学习防汛知识，提高防汛意识；

（3）备好防汛器材、物质，非防汛抢险不得擅自使用；

（4）及时向水利部门了解汛情，服从防汛指挥；

（5）做好度汛预案，并以防汛安全为前提，一旦遭遇超标准洪水，应立即撤出施工人员和不能淹水的电气设备，切断电源，用黏土沙袋等加高围堰挡水。

（6）防止洪水对施工产生影响。

5.9 防洪综合评价

5.9.1 项目建设与相关水利法规和规定的适应性分析

1）项目建设与《中华人民共和国水法》和《中华人民共和国防洪法》的适应性分析

《中华人民共和国水法》第三十七条　禁止在江河、湖泊、水库、运河、渠道内弃置、堆放阻碍行洪的物体和种植阻碍行洪的林木及高秆作物。

禁止在河道管理范围内建设妨碍行洪的建筑物、构筑物以及从事影响河势稳定、危害河岸堤防安全和其他妨碍河道行洪的活动。

第三十八条　在河道管理范围内建设桥梁、码头和其他拦河、跨河、临河建筑物、构筑物，铺设跨河管道、电缆，应当符合国家规定的防洪标准和其他有关的技术要求，工程建设方案应当依照防洪法的有关规定报经有关水行政主管部门审查同意。

第四十一条　单位和个人有保护水工程的义务，不得侵占、毁坏堤防、护岸、防汛、水文监测、水文地质监测等工程设施。

《中华人民共和国防洪法》第二十二条　河道、湖泊管理范围内的土地和岸线的利用，应当符合行洪、输水的要求。

禁止在河道、湖泊管理范围内建设妨碍行洪的建筑物、构筑物，倾倒垃圾、渣土，从事影响河势稳定、危害河岸堤防安全和其他妨碍河道行洪的活动。

禁止在行洪河道内种植阻碍行洪的林木和高秆作物。

本项目为避风港提升改造工程，根据5.1～5.2节的分析，本项目建设在增大太湖防洪库容的基础上，对太湖水域面积影响甚微，且不影响环湖大堤的安全，因此，项目建设符合《中华人民共和国水法》和《中华人民共和国防洪法》的相关规定。

2）项目建设与《江苏省湖泊保护条例》的适应性分析

《江苏省湖泊保护条例》第十三条　县级以上水行政主管部门应当会同农业农村等有关部门，按照湖泊保护规划和防洪要求，在湖泊内划定用于种植、养殖的水域，报本级人民政府批准。在城市市区内的湖泊内，禁止围网、围栏养殖。

农业农村部门应当根据划定的种植、养殖水域依法编制种植、养殖规划，确定具体的种植、养殖面积、种类、密度、方式和布局。

种植、养殖项目应当按照依法批准的种植、养殖规划实施，并服从湖泊蓄水调洪的需要。对在规划养殖面积之外的原有养殖项目，应当在规划批准之日起五年内分期分批停止实施，停止实施计划由县级以上地方人民政府制定。

第十五条　在湖泊禁采区内，禁止采砂、取土、采石。

在湖泊保护范围内采矿，在湖泊禁采区以外的区域采砂、取土、采石，应当依照有关法律、法规规定的程序办理审批手续，并按照批准的地点、期限、总量、方式和深度进行。

在湖泊禁采区以外的区域，采用围堰排水疏干方式结合清淤进行的取土工程，应当做好规划和论证工作，制定科学的清淤取土方案，防止破坏湖泊生态环境，并按照规定履行报批手续。施工过程中，应当保证安全，服从防洪的安排；施工结束后，应当及时平整湖底，拆除围堰，并进行相关的工程竣工验收工作。

5.9.2　项目建设与相关水利规划的适应性分析

1）与《太湖流域水环境综合治理总体方案》和《江苏省太湖水污染治理工作方案》的关系及影响

为综合治理太湖水环境，促进太湖水质的根本好转，《总体方案》和《工作方案》部署了饮用水安全、工业点源污染治理、城镇污水处理及垃圾处置、面源污染治理、提高水环境容量、生态修复、河网综合整治等一系列工程措施。

本工程的实施，将改变现状渔船停靠无序、环境杂乱、与生态景观要求不相融等情况。因此，根据 5.5.3 节项目建设目的分析，本项目的建设不会对《总体方案》和《工作方案》规划项目的实施带来不利影响。

2) 与《太湖流域防洪规划》的关系与影响

根据《防洪规划》的要求，近期太湖流域防洪标准达到 50 年一遇，重点防洪工程按照 100 年一遇防洪标准建设，远期流域防洪标准达到 100 年一遇。为此，将规划实施环湖大堤后续工程，按照《防洪规划》，环湖大堤后续工程的设计标准为防御流域 100 年一遇洪水，并以 1999 年实况洪水位复核。

根据江苏省太湖水利规划设计研究院有限公司的《环湖大堤后续工程（江苏段）可行性研究报告》(2005 年 1 月)分析，常州段环湖大堤后续工程的建设内容主要是堤顶防汛公路建设，而避风港提升改造工程对该区域环湖大堤后续工程的实施不会产生不利影响。

3) 与《太湖流域重要河湖岸线利用管理规划》的关系与影响

根据《岸线利用规划》的相关规定，太湖有堤段岸线以环湖大堤迎水侧的挡墙线为临水控制线，无堤段和岛屿岸线以太湖规划设计洪水位 4.8 m 与岸边的交界线为临水控制线。外缘控制线以环湖大堤背水侧管理范围为界。岸线功能区分为岸线保护区、岸线保留区、岸线控制利用区和岸线开发利用区。在岸线保护区内允许建设的项目有：与防洪、供水、水资源保护及水污染防治有关的项目；结合堤防改造加固进行的道路建设项目；景观、绿化及其他与岸线环境整治有关的项目；其他公共基础设施项目或社会公益性项目。在岸线控制利用区内允许建设的项目有：符合保护区管理要求的项目；旅游或码头项目。本项目段岸线功能区以保护区为主，项目以改造旧有渔港为目的，项目建设符合《岸线利用规划》中对岸线水域利用的管理要求。

4) 与《江苏省太湖保护规划》和《江苏省省管湖泊保护规划》的关系

(1) 工程区位于太湖保护范围内

根据《江苏省太湖保护规划》和《江苏省省管湖泊保护规划》，太湖设计洪水位 4.8 m 以下的区域列为保护范围，包括太湖水体、湖内滩地、岛屿和半岛、太湖堤防及其护堤地、出入湖河道口门建筑物及其保护范围。

太湖蓄水保护范围为太湖多年平均水位 3.07 m 以下的区域。在湖泊保护面积中,扣除岛屿和东山半岛、堤防及其护堤地、口门建筑物及其管理范围和迎水面山丘区在3.07 m与4.8 m之间的面积。

常州市武进区太湖保护范围从无锡市与常州市交界处至武进区与宜兴市交界处的太滆运河,途经东家山、庙塘山等,全长约5.4 km。本项目属于常州市武进区太湖保护范围和蓄水保护范围。

(2) 项目对太湖防洪功能保护的影响

根据《江苏省太湖保护规划》的规定,禁止围垦等缩小调洪库容的开发利用活动;调洪库容范围内禁止建设侵占调洪库容的设施;在出入湖河道划出行水通道,行水通道保护区范围按河道入湖口、出湖口向湖区延伸,通道宽度为河道口宽2~3倍,延伸至等深线0.93~1.43 m的区域,在行水通道范围内严禁设置各类行水障碍。

另外,根据《江苏省省管湖泊保护规划》的规定,太湖保护总体目标是:维护太湖生命健康,太湖保护范围和蓄水保护范围不缩小、防洪与蓄水库容不减少,满足周边及下游地区的防洪安全、供水安全和生态保护要求,促进资源可持续利用,适应区域经济社会可持续发展。

本项目增大了调洪库容,且对水域面积的影响微乎其微,因此不会对太湖防洪功能产生影响。

(3) 项目对太湖供水和水资源保护的影响

根据《江苏省地表水(环境)功能区划》,太湖湖体(包括东太湖)为供水水源保护区;其他区域为开发利用区,分别为竺山湖渔业用水区,梅梁湖饮用水水源、景观娱乐用水区,贡湖饮用水水源保护区,胥湖饮用水水源、景观娱乐用水区。保护目标为太湖保护区水质Ⅱ类;开发利用区水质Ⅲ类。

根据《江苏省太湖保护规划》的规定,严禁从事破坏太湖水体水质的生产开发利用活动。在太湖保护范围内,严格执行《江苏省湖泊保护条例》第十一条第三款、第四款和第十二条的内容。

根据《江苏省湖泊保护条例》第十一条第三款、第四款,依法获得批准进行工程项目建设或者设置其他设施的,不得有下列情形:影响水功能区划确定的水质保护目标;破坏湖泊生态环境。

根据第十二条,湖泊保护范围内禁止下列行为:排放未经处理的或者处理未达标的工业废水;倾倒、填埋废弃物;在湖泊滩地和岸坡堆放、贮存固体废弃物和其他污染物。

本项目位于竺山湖区,属于渔业用水开发利用区。项目的建设,不会破坏太湖水体水质。因此,本项目符合《江苏省太湖保护规划》中对太湖供水和水资源保护的相关规定,也符合《江苏省湖泊保护条例》第十一条第三款、第四款和第十二条的内容。

5.9.3　建设项目与相关防洪标准的适应性分析

参照《河港工程总体设计规范》(JTJ 212—2006),按照码头受淹损失类别三类,对港区码头顶高程进行复核计算,结果表明:按"设计高水位取太湖10年一遇设计水位 4.17 m,安全超高取 0.5 m,风浪等级按 50 年一遇的 1% 累积频率大波高"计算,得到港区码头顶高程为 5.40 m,原设计高程 5.60 m 符合现有防洪标准的要求。

另外,根据《水利水电工程围堰设计规范》(SL 645—2013)和《堤防工程设计规范》(GB 50286—2013),施工围堰的高程按度汛洪水标准的静水位加波浪爬高与安全加高复核计算,结果表明:按"防洪标准取全年 10 年一遇标准(4.17 m),堤顶安全超高取 0.5 m,风浪取该地区多年年极值平均风速 10 m/s"计算,得到的围堰顶高程为 5.42 m,原围堰设计高程为 5.55 m,满足安全要求。但是对于现状部分防波堤堤顶高程低于 5.42 m 的断面,建议用黏土沙袋等做加高处理。

5.9.4　项目建设对湖区防洪能力及湖泊演变趋势影响

工程新占的太湖水域面积为 47.36 m²,库容因港池清淤增大了 5.94 万 m³。按照太湖水域面积 2 338 km² 计算,因本工程建设而引起的太湖水域面积减少微乎其微,对太湖本身的最高洪水位没有实质性的影响。因此,工程建设未降低太湖行洪标准,不影响周边水系的行洪和排水,对工程区域的行洪和水资源利用无显著影响,也不影响湖泊现状演变趋势。

5.9.5　项目建设对湖泊水环境的影响分析

通过改造现状渔港的脏乱差现象,本工程建成后可以有效改善区域水环境,塑造良好的岸线景观。但施工期将产生一定量的清淤泥浆、灌注桩钻孔泥浆等,应外运至专用堆放场地,防止对竺山湖水环境造成污染影响。此外,施工机械、车船等检修、冲洗所产生的含油废水和施工人员生活污水严禁直接排入河道,防止对水环境带来污染影响。一些固体废弃物也应进行集中处理。

5.9.6 项目建设对相关水利工程的影响分析

1) 建筑物对环湖大堤安全的影响分析

避风港码头栈桥与驳岸连接处,用人行踏步连接,保持原有驳岸不破坏,亦不会对环湖大堤安全产生影响。另外,工程不改变原避风港防波堤和口门的位置,且涉水工程规模小,因而对港区周边近岸流速流向的变化影响甚微,基本不会改变现状工程区的水动力条件,而现状堤脚地形冲淤相对稳定,因而工程的建设不会给环湖大堤带来冲刷的影响。

2) 对雅浦河及雅浦港枢纽安全的影响分析

雅浦港枢纽距雅浦河入湖口 2.5 km,本项目距离雅浦河入湖口约 600 m。由于本项目中的涉水工程建设规模较小,影响范围主要局限在港区范围内,故项目建设不影响雅浦港的引排水,也不影响雅浦港枢纽的安全、通航与引排水的功能。

5.9.7 港区泥沙回淤对项目建设的影响分析

"风浪掀沙、湖流输沙"是避风港港池淤积的主要原因,通过半经验计算公式——刘家驹公式对其进行近似计算,结果显示:清淤后的港池,多年平均淤积厚度为 0.195 m,第一年淤积量一般较多年淤积大 30%～50%,建议工程实施后加强对港区水文和地形观测,借此制定疏浚计划,维护港池水深。

5.9.8 对第三人合法水事权益的影响分析

工程区附近有雅浦港枢纽,本工程建设不影响其通航和引排水活动。除此之外,区内再无其他合法水事户,因此不会对第三人诸如正常取排水等合法水事权益产生影响。

5.10 防治与补救措施

根据库容和水面面积变化计算结果,本项目在增大太湖库容的基础上,对其水域面积影响甚微。应着重关注施工期度汛安全以及施工环保措施。

1) 度汛安全

包括:对于现状部分防波堤堤顶高程低于5.42 m的断面,建议用黏土沙袋做加高处理;成立防汛小组,责任落实到人;组织全体人员学习防汛知识,提高防汛意识;备好防汛器材、物质,非防汛抢险不得擅自使用;及时向水利部门了解汛情,服从防汛指挥;做好度汛预案,并以防汛安全为前提,一旦遭遇超标准洪水,应立即撤出施工人员和不能淹水的电气设备,切断电源,用黏土沙袋等加高围堰挡水。

2) 施工环保措施

施工时严格控制污染源。施工废水、污水应进行沉淀处理后方可排放,含有有害物质的废水和污水不得排入禁排区域;对施工废油及生活污水进行集中回收处理;严禁向水域、农田、草地、下水管道内等环境敏感区域倾倒或排放危险废物,防止污染水质和土地;清淤泥浆和灌注桩钻孔泥浆应外运至专用堆放场地,严禁污染周边湖泊水体;其他产生的弃土、废渣和固体建筑垃圾,应及时运至规定的场地集中堆放和处理;废弃的钢木材料、边角料及其他物品应集中回收处理。

5.11 结论和建议

5.11.1 主要结论

1) 避风港提升改造工程的实施,对改善区域水环境具有促进作用,同时,项目实施也是周边区域发展和常州市产业发展的需要,对促进区域旅游事业的发展具有积极的作用,工程建设十分必要。

2) 从项目建设内容分析,项目建设符合《中华人民共和国水法》《中华人民共和国防洪法》《江苏省湖泊保护条例》等相关水利法规和规定的要求;符合《太湖流域水环境综合治理总体方案》和《江苏省太湖水污染治理工作方案》的治理要求,也符合《太湖流域重要河湖岸线利用管理规划》中对岸线水域利用的管理要求,以及《江苏省太湖保护规划》对太湖水资源保护的相关规定。

3) 码头栈桥、瞭望塔栈桥、施工围堰等设计高程的复核计算表明,其设计高程具有一定的安全裕度,满足防洪要求。但对于施工期兼做围堰的防波堤,其现状部分堤顶高程低于 5.42 m,建议用黏土沙袋等做加高处理。另外,从节省工程投资的角度出发,同时也为方便行人上下,码头栈桥和瞭望塔栈桥桥面高程建议降低到 5.40 m。

4) 工程新占的太湖水域面积为 47.36 m^2,库容因港池清淤增大了 5.94 万 m^3。按照太湖水域面积 2 338 km^2 及库容 83.3 亿 m^3 计算,因本工程建设而引起的太湖水域面积减少微乎其微,不会对太湖及周边地区产生防洪影响。

5) 避风港码头栈桥与驳岸连接处,用人行踏步连接,保持原有驳岸不破坏,亦不会对环湖大堤安全产生影响。另外,工程不改变现状防波堤和口门的位置,且涉水工程规模小,因而对港区周边近岸流速流向的变化影响甚微,基本不会改变现状工程区的水动力条件。另外,港池清淤后的计算断面堤防边坡稳定安全系数为 1.78,满足规范要求,因此工程不会对环湖大堤安全产生影响。

6) 本项目距离雅浦港枢纽约 2 km,距离雅浦港入湖口约 600 m。由于本项目中的涉水工程建设规模较小,影响范围不大,基本局限在港区内部,故项目建设不影响雅浦港的引排水,也不影响雅浦港枢纽的安全、通航与引排水的功能。

7) 项目对太湖本身的最高洪水位没有影响,不影响周边水系的行洪和排水,对工程区域的行洪和水资源利用无显著影响,对湖泊的演变趋势无影响,同时不会对第三人诸如正常取排水等合法水事权益产生影响。

8) "风浪掀沙、湖流输沙"是避风港港池淤积的主要原因,通过半经验计算公式——刘家驹公式对其进行近似计算,结果显示:清淤后的港池,多年平均淤积厚度为 0.195 m,第一年淤积量一般较多年淤积大 30%～50%,建议工程实施后加强对港区水文和地形观测,制定相应的疏浚计划,以维护港池水深。

9) 本项目施工期将产生一定量的液态或固态废弃物,需要通过加强施工期的管理,加强监测,严禁其直接排放或丢弃到周边水体、农田、草地、下水管道等,防止其对周边水体、土体环境造成污染影响。此外,废弃物专用堆放场地应设置在湖泊管理范围外。

5.11.2 主要建议

1）工程施工前，需向水行政主管部门履行报批手续，经批准后方可施工，项目建设期间要服从水利主管部门管理，正常运行过程中应接受水利主管部门的检查等。

2）施工过程中，应严防对环湖路堤的破坏，对施工过程中产生的弃土、弃渣等废弃物应运至河道管理范围外堆放，施工工艺应严格按照有关水利规程、规范要求进行。

6

光伏发电项目基础桩的防洪安全分析

6.1 工程基本情况

6.1.1 工程概况

某渔光互补光伏并网发电项目位于兴化市西郊镇荡朱村附近,江苏省省管湖泊里下河腹部地区湖泊湖荡之一的东潭内,距离兴化市中心直线距离约11 km,总用地面积 0.127 km^2。一期工程按容量 5 MWp 建设,未来容量将扩建至 50 MWp。

项目主要由 1 套光伏组件系统(分 5 个子方阵,管桩支撑)、3 个设备(逆变升压)系统(管桩支撑,见表 6.1-1)、1 个开关站系统(方桩支撑)、1 个集装箱式 SVG 室(管桩支撑)以及配套的电气管路等组成。其中圆桩 3 304 根,直径 0.3 m,方桩 16 根,边长 0.5 m,桩间距 2.9~5 m。以上桩基础合计 3 320 根。

表 6.1-1 发电项目主要子系统概况

名称	主要功能	桩基础	设计防洪高程
光伏组件系统	发电	桩径 ϕ300 mm,合计 3 280 根	光伏电池组件底沿最低高程 3.85 m
设备(逆变升压)系统	逆变升压	桩径 ϕ300 mm,合计 18 根	设备平台标高为 4.2 m
10 kV 开关站系统	通断电	500 mm×500 mm,合计 16 根	设备平台标高为 4.8 m
集装箱式 SVG 室	动态无功补偿装置	桩径 ϕ300 mm,合计 6 根	设备平台标高为 4.2 m

6.1.2 项目涉水影响

本工程圩区内有涉水影响的各类桩基础合计 3 320 根,其中圆 1 桩 3 304 根,直径 0.3 m,方桩 16 根,边长 0.5 m,桩间距 2.9~5 m。行洪时,这些桩群的存在,会影响圩区滞蓄面积和有效滞蓄库容,同时,会局部壅高桩前水位,一定程度上削弱电站的设计防洪能力。另外,鱼埂的拆除在增大圩区有效滞蓄库容的同时,由于其土方全部用于东边陆地的整平,所以,总体而言,工程的实施依然会在一定程度上削弱圩区有效滞蓄库容。

此外,考虑到工程建在圩区,对圩区开圩滞洪、高水位遭遇大风条件下,光伏组件(底沿最低高程为 3.85 m),设备(逆变升压)平台(标高为 4.2 m),集装箱式 SVG 室设备平台(标高为 4.2 m),开关站平台(标高为 4.8 m)等可能遭遇的越浪或淹没风险不能忽视,必须对其进行风险分析,并采取相应的措施进行预防。

6.1.3 项目区湖泊概况

东潭位于泰州兴化市西郊镇和昭阳镇境内,总面积 8.778 km²。该湖荡西北面与荡朱村、东坝头接壤,东面与王阳村接壤,南面与袁家村交汇。湖泊气候特征为昼暖夜凉,空气湿度大,属小型淡水湖泊,其功能主要用于滞涝、蓄洪。东潭地理位置如图 6.1-1 所示。

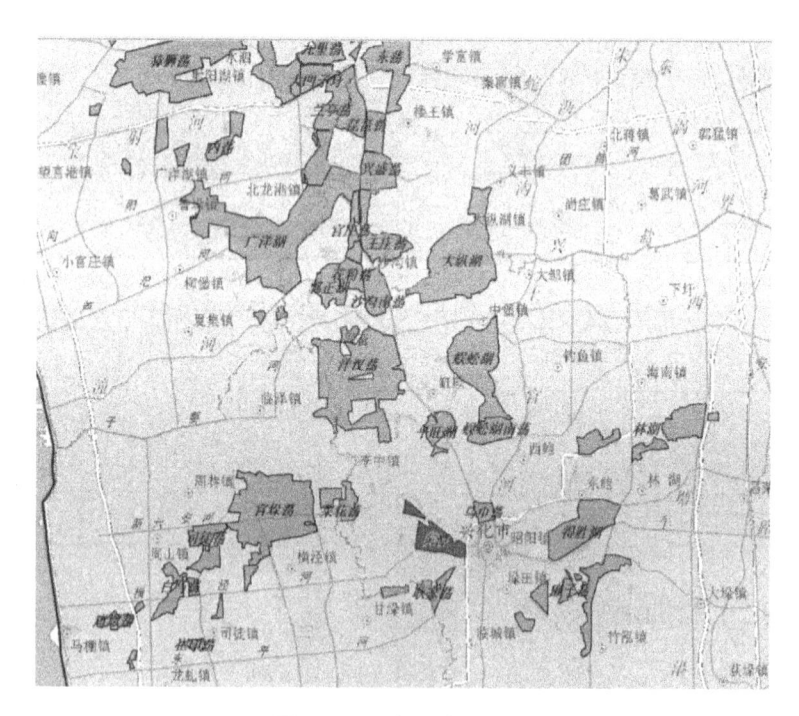

图 6.1-1　东潭地理位置

6.1.4 项目区水文特征

东潭多年平均降水量约 1 025 mm,进出湖河道有 2 条,分别是横泾河和袁冷河,正常蓄水位 1.00 m。正常年份的水位,荡内蓄水较少,多为裸露的荡地。洪水期，荡内水位较高，可以滞蓄部分雨水，减轻河道的行洪压力，但调节利用水量较少，枯水期自然流失。历史最高洪水位为 3.34 m。

6.2 电站的防洪安全分析

考虑到圩区开圩滞洪、高水位遭遇大风的极端水文气象条件等对工程设施的不利影响因素，本节对"光伏电池组件底沿最低高程为 3.85 m，3 个设备（逆变升压）平台标高为 4.2 m，1 个集装箱式 SVG 室设备平台标高为 4.2 m，1 个开关站平台标高为 4.8 m"，展开极端水文气象组合条件下电站防洪安全计算分析，为后期工程的安全运行提供参考：①分析综合考虑电站基础桩的局部壅水、风浪的影响；②分别给出设计排涝水位、设计洪水位或历史最高水位加不同的风浪加桩基础壅水组合条件下电站防洪设计高程的安全性。

6.2.1 基础桩的局部壅水概化计算

假设极端水文气象条件发生时，项目所在区域存在一定的行洪流速。本工程圩区内有涉水影响的各类基础桩合计 3 320 根，其中圆桩 3 304 根，直径 0.3 m，方桩 16 根，边长 0.5 m，桩间距 2.9~5 m。行洪时，这些桩群的存在，会局部壅高桩前水位，一定程度上削弱电站的设计防洪能力。为此，利用 Mike21 建立概化的二维水动力数值水槽模型，并采用桩群水流阻力概化技术，计算电站基础桩的桩前局部壅水高度。

考虑到电站桩群的工程区域集中在 400 m×300 m 的区域内，数值水槽尺度选择长度 10 000 m，宽度 2 000 m。其中，槽宽小于东潭纵宽，是考虑到水槽边壁可能带来的水流挤压作用，因此使本计算结果高于天然条件下的桩前局部壅水高度，以获得一个偏于安全的计算值。

针对洪水期，因电站桩群的存在而造成水流能量损失，从而壅高局部水位的实际情况，可根据桩群的水流阻力特征，采取电站桩群工程区域糙率修正的方法。图 6.2-1 数值水槽中的桩群阻力概化区就是糙率待修正的区域。采用不同的流速、水位和糙率组合，计算获得的桩前最大壅水高度范围在 0.01~0.06 m，其中，水位越高，流速越大，模型糙率越高，对应的桩前壅水高度越大。

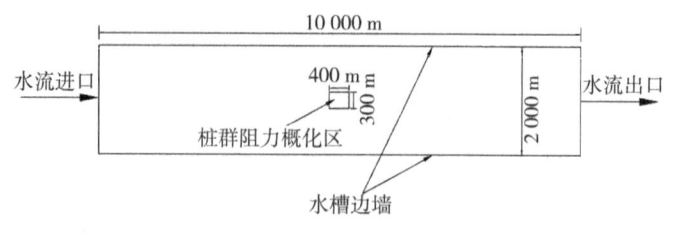

图 6.2-1　数值水槽

6.2.2　防洪库容影响分析

东潭有效滞蓄库容近 1 843.4 万 m^3，工程区圩区有效滞蓄库容近 254.7 万 m^3。本次工程新占该圩区有效滞蓄库容约万分之七，占东潭有效滞蓄库容为万分之一，因此，本工程对东潭湖泊库容影响微乎其微，不会对东潭防洪产生影响。

6.2.3　工程与行水通道影响分析

根据《中华人民共和国防洪法》第二十二条"河道、湖泊管理范围内的土地和岸线的利用，应当符合行洪、输水的要求。禁止在河道、湖泊管理范围内建设妨碍行洪的建筑物、构筑物，倾倒垃圾、渣土，从事影响河势稳定、危害河岸堤防安全和其他妨碍河道行洪的活动。禁止在行洪河道内种植阻碍行洪的林木和高秆作物"，以及第四十二条"对河道、湖泊范围内阻碍行洪的障碍物，按照谁设障、谁清除的原则，由防汛指挥机构责令限期清除；逾期不清除的，由防汛指挥机构组织强行清除，所需费用由设障者承担"等规定，行水通道内不得设置行水障碍，已有障碍按照"谁设障、谁清除"的原则限期清除。

东潭周边的一级行水通道为东部的下官河。二级行水通道有场址区西部的李中河、南部的横泾河。

本次工程位于东潭保护范围内，位于一级行水通道下官河的西侧，二级行水通道李中河的东侧、横泾河的北侧。本次项目实施区域与该三条河都不直接相通，未占用行水通道，故本次工程对行水无影响。

6.2.4　湖泊滞洪、行水对工程的影响

本次工程建设位于东潭保护范围圩区内，为保证项目自身防洪安全，光

伏电池组件底沿高程为 3.85 m,设备(逆变升压)平台标高为 4.2 m,开关站平台标高为 4.8 m,SVG 室设备平台标高为 4.2 m,均比历史最高洪水位(3.35 m)高 0.5 m 及以上,符合相关规范设计要求,可保证其正常设计条件下,自身不被洪水淹没。但是当超设计条件发生时,必须采取相应的措施预防因工程淹没引发的工程灾害。

7

涉水项目防洪安全的监测技术——以桥墩冲刷为例

7.1 桥墩冲刷的基本原理

桥墩冲刷是水流的冲蚀作用使泥沙流失而导致河床水位下降的自然现象,包括一般冲刷和局部冲刷;建桥后,桥梁压缩水流,形成收缩断面,上游水流在经过桥孔处时,流速变大,床面切应力剧增,从而在床面发生明显的冲刷,这种冲刷被称为一般冲刷,或收缩冲刷,见图 7.1-1 左;修建在河床内的桥墩阻挡水流,水流在桥墩周围形成复杂的以绕流漩涡体系为主的绕流结构,引起强烈的泥沙运动,桥墩周边床面形成明显的冲刷坑,这种冲刷为被称局部冲刷,见图 7.1-1 右。

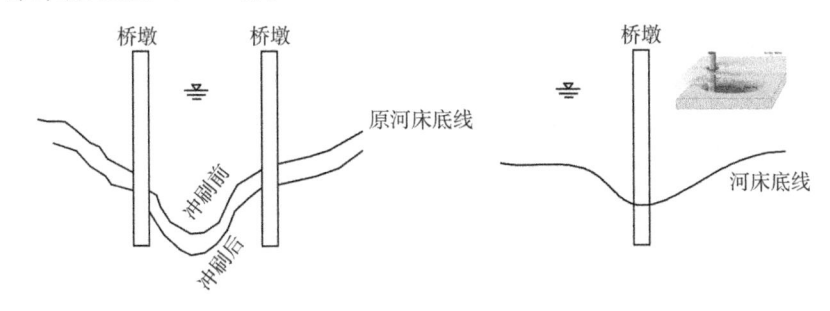

图 7.1-1　一般冲刷和局部冲刷示意

受到桥墩影响,在桥墩迎水面的竖直对称轴上,一方面,一部分水流由于水中压强和大气压强之间存在压差,从而导致桥墩前缘的水面向上涌起,产生壅高;另一方面,一部分水流由于压强随流速垂线自水面向下减小,从而在墩前产生向下的压力,使得水流向下流动。墩周的漩涡体系是一种综合水流结构,包括在墩前冲刷坑边缘形成的绕桥墩两侧流向下游的马蹄形漩涡、桥墩两侧水流分离引起的尾流漩涡、墩后及两侧不断地由床面附近释放向水面发展的小漩涡。因此,桥墩冲刷的基本动力条件可以概括为:桥墩前强烈的下降流、桥墩周边漩涡、过冲刷坑的绕流。其中,墩前向下水流是冲刷的主要媒介,马蹄形漩涡和过冲刷坑的绕流起到了辅助输沙作用。

7.2 桥墩冲刷的一般危害

英国桥梁总工程师 D. W. Smith 对全世界 1847—1975 年期间出现重大

破坏事故的143座桥梁的事故原因进行了调查,发现50%的事故是由洪水冲刷引起的。美国联邦公路管理局(FHWA)研究结果显示:桥墩局部冲刷导致了美国超过一半的桥梁被损毁,桥墩局部冲刷因此被其定为桥梁设计和维护的首要问题之一。据不完全统计,目前我国公路桥梁数量已超过80万座,其中跨河桥梁占有较大比例。1971—1974年,中国铁道科学研究院分析调查我国60余座大、中型桥梁,结果显示:桥梁的破坏大多数是由洪水冲刷严重或桥梁基础埋深不足引起的。因此,桥梁基础冲刷,特别是洪水引起的桥墩冲刷是造成桥梁破坏的主因,其中,局部冲刷更具有突发性和灾难性。应对桥墩冲刷问题,形成有效的桥墩冲刷监测技术、防护技术,意义明显。

7.3 江苏段桥墩冲刷现状

目前,长江江苏段已建成跨江通道14座,在建有南京长江五桥、沪通大桥、常泰大桥、五峰山大桥等多个项目,龙潭长江大桥也即将开工,桥墩冲刷在水利部门和交通部门广受关注(图7.3-1)。参考图7.3-2:受桥址环境复杂(特别是河势稳定)、水深流急、河床易冲、桥墩尺度巨大等因素的影响,已建成的过江大桥以及桥梁建设过程中,普遍存在桥墩冲刷问题。

图7.3-1 桥墩冲刷的关注点

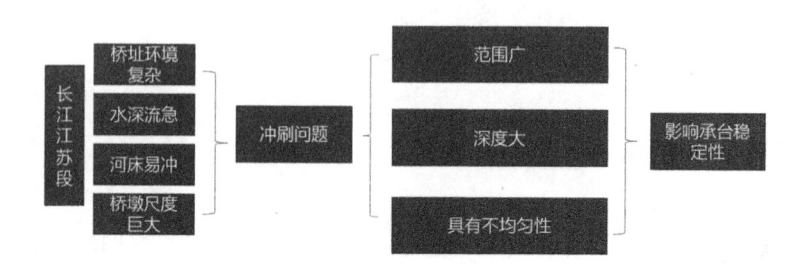

图7.3-2 江苏段的桥墩冲刷问题

以"河床易冲"为例,长江江苏段床沙中值粒径 d 一般在 0.10～0.25 mm。d=0.15 mm 附近,起动流速有个最小值。该值右侧,泥沙的起动流速以克服重力为主,起动流速随粒径增大而增大;该值左侧,泥沙的起动流速以克服黏结力为主,起动流速随粒径减小而增大。然而,桥墩前下降流引起的泥沙起动流速一般仅为床沙起动流速的 0.4～0.6 倍。

河势稳定也是影响桥墩安全的关键因素。以润扬大桥所处的镇扬河段为例,镇扬河段上起三江口,下至五峰山,河段全长约 73.3 km,按河道平面形态分为仪征水道、世业洲汊道、六圩弯道、和畅洲汊道、大港水道。世业洲汊道自泗源沟至瓜州渡口,长 24.7 km,右汊高资弯道是主汊,长 16 km,为曲率比较小的弯曲河道,平均河宽约 1 450 m;左汊为支汊,长 13 km,呈顺直型,平均河宽约 880 m。长江主流出仪征弯道后,由左向右过渡至世业洲右汊,主流沿高资弯道右岸下行至龙门口附近与左汊支流汇合后,又向左过渡至六圩弯道。世业洲汊道在 20 世纪 70 年代前一直处于相对稳定状态,20 世纪 70 年代后左汊进入缓慢发展的阶段,进入 20 世纪 90 年代以来,左汊发展的速度加快,至 2003 年左汊分流比达 34.2%。

7.4 桥墩冲刷的分析方法

最大冲刷深度的预测对桥梁设计和施工具有重要意义,研究人员通常采用经验公式、物理模型和泥沙数模预测最大局部冲刷深度。

7.4.1 经验公式

我国桥墩局部冲刷计算主要按我国行业标准《公路工程水文勘测设计规范》(JTG C30—2015)进行计算。

7.4.2 物理模型试验

对于桥墩局部冲刷预测,国内外现有冲刷公式往往仅适用在单向水流作用下单桩、双桩以及简单的群桩结构。国内规范没有涉及在潮汐双向水流作用下的桥墩局部冲刷预测,而大通至江阴为感潮河段,该河段主要受长江河口潮汐的影响,江阴以下属于河口段,是潮流的往复区。因此,无法将一般的经验公式应用在长江江苏段具有复杂群桩基础的跨江大桥局部冲刷上。大量研究表明,利用正态物理模型来预测桥墩局部冲刷深度是现阶段常用且有效的研究方法。

7.4.3 数学模型分析

数值模拟是一种广泛应用于局部冲刷研究的方法。与物理模型方法相比,数值模拟方法有几个优点:①可以在原型尺寸下运行,以避免尺度效应;②可以方便地安排数值模型,特别是在试验无法实现的复杂条件下;③需要更小的空间和更少的人力。图 7.4-1 显示数值模拟的一般计算流程。

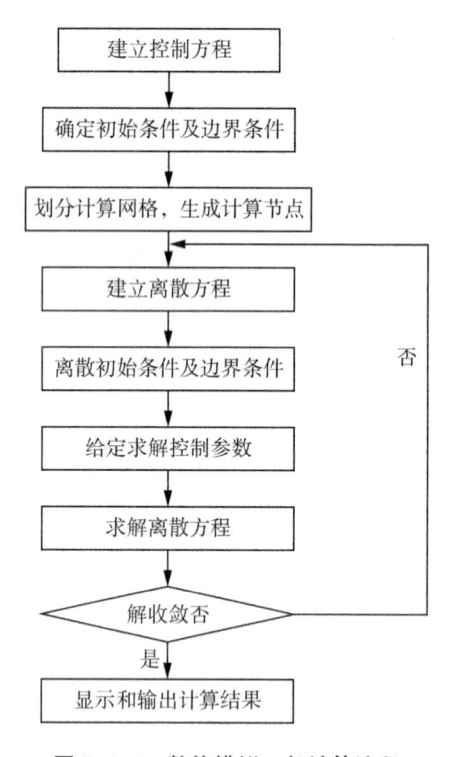

图 7.4-1 数值模拟一般计算流程

7.5 桥墩冲刷的在线测量

冲坑深度和形态是桥墩局部冲刷的两个典型的特征要素,影响因素众多,与桥墩形状、桥墩布置、河床形态、来流强度以及床沙粒径等密切相关,十分复杂,与之相关的冲刷机理、分析方法、原位监测及防护处理等都是当前研究的热点。其中,原位监测作为一项基础性工作,可以较为准确地提供桥墩冲刷现状,为桥梁施工和运行提供安全监测,为桥梁基础结构或防护设计的改进和提高积累资料;同时为桥墩冲刷问题的机理分析、经验公式推导、数值计算、物理模型试验等提供参考数据;重中之重是,成为研究桥墩冲刷不可或缺的技术手段。目前,原位监测一般分为人工定期观测和在线实时观测两种,人工定期观测又以船载多波束的测量方式最盛行,R2Sonic 2024、Reson7125等是常用的多波束型号。多波束的优势在于可以较为精准地获取桥墩周边水下地形地貌,但是缺点是仪器设备精贵,单次监测的费用高,受往来通航船舶的影响,作业存在一定的安全风险,因而难以及时更新桥墩冲刷状况,不能形成桥墩局部冲刷的实时风险预警。

现阶段的主要问题为:①现有的分析方法难以反应局部冲深的变化过程;②河势变化剧烈的地段,桥墩冲刷深度存在突变的可能;③复杂桥墩基础的受力计算方法尚未成熟,桥墩施工期或运行期的防护存在动态设计或修正设计的需要。基于以上三点原因,为了保证桥梁的安全,有必要研究在线监测技术手段,对现状桥墩冲刷问题严重且普遍的涉水桥梁进行实时观测,动态更新监测点桥墩冲刷深度,并设计一定的规则,向桥梁运行管理单位发出风险预警,这具有十分重要的意义。根据文献,回声探测是桥墩局部冲刷监测最常用的一类技术,一般将超声波、雷达等回声测深装置的换能器固定安装在水面以下的墩身上,换能器发射某一频率的声波,声波经过水体的传播到达冲坑的水沙交界面后反射,反射波被换能器接收,之后根据声波的传播速度和回波时间来计算监测位置处的冲刷深度。

回声探测方法具有设备成本低、精度较高、可操作性好、对冲坑变化过程动态监测方便等优点,但其只能单点测量,且"桥墩周边复杂流态的声波传输干扰""高承台的声波传输遮挡"等因素会对其测量产生较大的影响。其中,流态的影响因素一般通过增强换能器抗干扰能力、增加数值滤波以及适当地调整探测仪的测点位置(例如是迎水面还是背水面测量)等方法处理。"高承台的声波传输遮挡"是决定回声探测仪安装方式的关键影响因素。"高承台"一般是指水深较大的河道,为便于施工,桥墩承台顶高程高于河底高程,如图7.5-1所示的长江某桥梁桥墩的立面图,承台顶高程-7 m,低于该江段历史最低水位,长年淹没于水下。这种情况下,如果按照图7.5-2所示的桥墩侧壁安装回声探测仪的方法,声波遇到承台就已经发生了反射。所以,本章在优选回声探测仪的基础上,也将初步探讨高承台桥墩回声探测仪安装方式,解决高承台的声波阻挡问题(安装方式仅探讨设计方法,不做实物装置)。

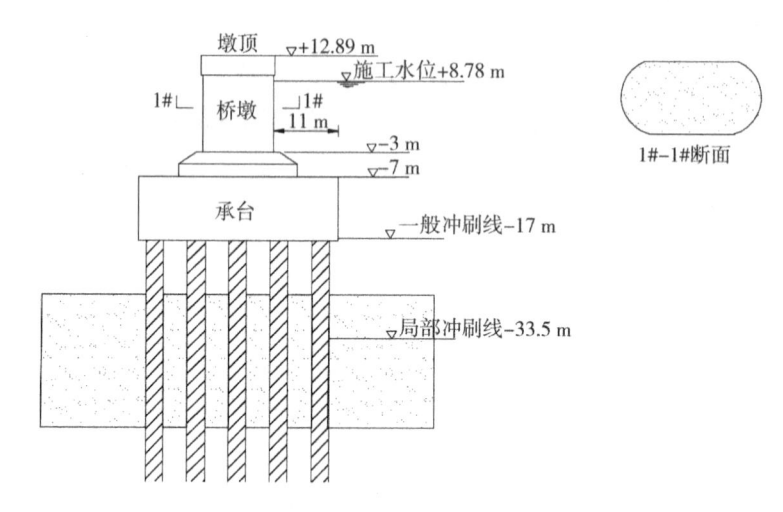

图 7.5-1　高承台桥墩实例

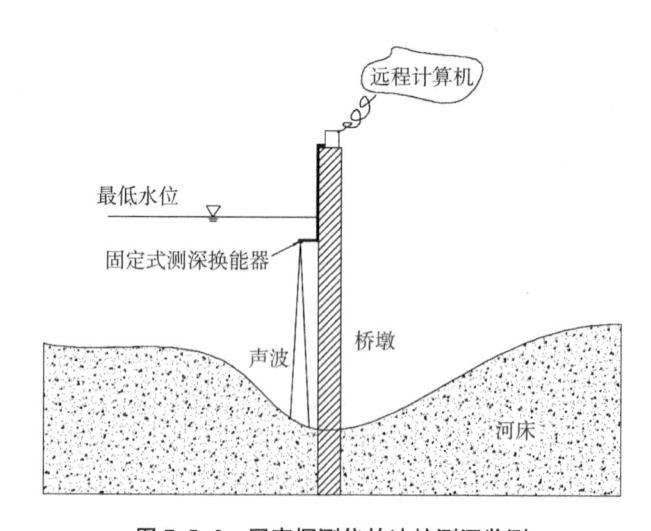

图 7.5-2　回声探测仪的冲坑测深监测

7.6　多波束和侧扫声呐人工观测技术

按上节所述，人工定期观测以船载多波束的测量方式最盛行，多波束的优势在于可以较为精准地获取桥墩周边水下地形地貌，但是人工观测成本较高，且不能实时监测，因此将人工定期观测与在线实时观测相结合，更方便形成桥墩冲刷的预警分析（图7.6-1）。本节以南京长江大桥（采用R2Sonic 2024多波束测深仪）和南京大胜关长江大桥（采用3DSS-iDX侧扫声呐测深仪，也是一种多波束设备）为例，介绍江苏省水利科学研究院利用这两项技术的应用成果（图7.6-2和图7.6-3）。本次应用目的是获得较高精度的水下三维地形数据。

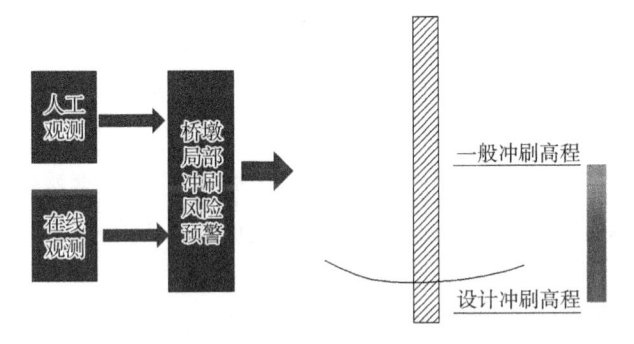

图7.6-1　单波速在线观测与人工三维水下扫描结合形成桥墩冲刷预警系统示意

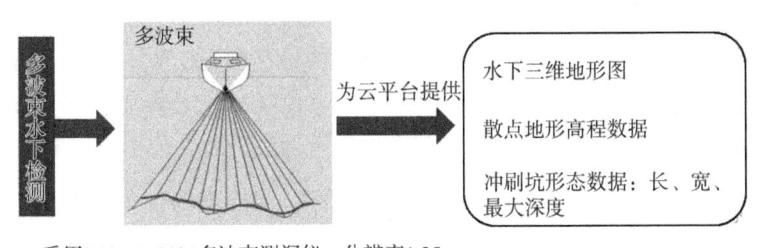

采用R2Sonic 2024多波束测深仪，分辨率1.25 cm

图7.6-2　多波束水下检测示意

南京长江大桥的局部冲刷　　　　　南京大胜关长江大桥的局部冲刷
（采用R2Sonic 2024多波束测深仪）　　（采用3DSS-iDX侧扫声呐测深仪）

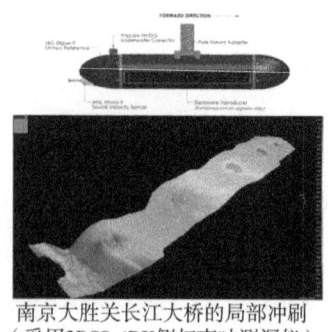

图 7.6-3　两型设备及应用成果

7.6.1　R2Sonic 2024 多波束测深仪应用

多波束测深系统的工作原理是利用发射换能器阵列向海底发射宽扇区覆盖的声波，利用接收换能器阵列对声波进行波束接收，通过发射、接收扇区指向的正交性形成对水下地形的照射脚印。对这些脚印进行恰当的处理，一次探测就能给出与航向垂直的垂面内上百个甚至更多的水域被测点的水深值，从而能够精确、快速地测出沿航线一定宽度内水下目标的大小、形状和高低变化，能够比较可靠地描绘出水域地形的三维特征。

R2Sonic 2024 多波束测深仪是由多个子系统组成的综合系统，分为声学系统、数据采集系统、数据处理系统和外围辅助设备。系统硬件包括多波束声呐、数据采集显示计算机、GPS、光纤罗经及运动传感器、表层声速仪、声速剖面仪以及超便携船舷安装架；软件包括 IL2Sonic 配置软件、EIVA 导航及多波束数据采集显示软件、CARIS 多波束数据后处理软件。其中，换能器为多波束的声学系统，负责波束的发射和接收；数据采集系统完成波束的形成并将接收到的声波信号转换为数字信号；辅助设备包括卫星定位系统，船横摇、纵摇、艏向、升沉等数据姿态传感器，验潮仪，声速剖面仪等。图 7.6-3 左下为 R2Sonic 2024 南京长江大桥局部冲刷水下三维地形图。图 7.6-4 为现场作业照片。

7.6.2　3DSS-iDX 三维侧扫声呐应用

侧扫声呐是探测水下地形地貌的重要工具，其综合声学、数字信号处理、

涉水项目防洪安全的监测技术——以桥墩冲刷为例

图 7.6-4　采用 R2Sonic 2024 多波速测深仪对南京长江大桥附近水下地形进行检测

导航定位和计算机等技术，对海底微地貌和目标物进行探测，广泛应用于海洋地质勘探、海底沉积物探测和桥墩冲刷坑观测等多个方面。其工作原理是：将声呐探测装置安装在拖鱼中，拖鱼上的声波发射阵列发射一系列具有一定指向性的声波，当声波遇到障碍物或者海底时会发生反向散射，声呐接收阵列接收反向散射声波，依靠回波时间和强度来探测海底地貌。

加拿大 Ping DGS 公司生产的 3DSS-iDX 三维侧扫声呐（图 7.6-3 右上）主要包含：SBG Ellipse-2 运动传感器、AML MicroX 声速探头、两侧传感器、固定杆的适配器、脉冲式水下连接器；二个隔离的 RS-232 输入串口（GPS，MRU）、一个隔离的 RS-232 输入/输出串口（AUX）；在 GPS DB-9 接口中带有单独的 12V 1A 电源输出，在 AUX DB-9 接口中带有单独的 12V 0.5A 电源输出；隔离的 PPS 输入 BNC 插座、隔离的 5V 逻辑触发输出 BNC 插座；内置一台二端口的以太网交换机。图 7.6-3 右下为 3DSS-iDX 南京大胜关长江大桥局部冲刷水下三维地形图。图 7.6-5 为现场作业照片。

图 7.6-5　采用 3DSS-iDX 侧扫声呐对南京大胜关长江大桥附近水下地形进行检测

8

生态岛防洪影响评价

8 生态岛防洪影响评价

8.1 概述

8.1.1 项目背景

滆湖,俗称沙子湖、西太湖,亦称西滆湖和西滆沙子湖,位于常州市武进区西南部与无锡市宜兴市东北部,湖泊东西最宽处 9.5 km,南北长约 23 km,属浅水草型湖泊,是江苏省第六大湖泊,在苏南地区其面积仅次于太湖,其大部分水域在常州市武进区境内,部分属无锡市宜兴市,是太湖流域湖泊群的重要组成部分。

滆湖位于湖西地区,是太湖流域防洪难度较大的地区之一;同时滆湖位于太湖的上游,滆湖的水质对太湖水质也有着至关重要的影响。为满足太湖流域、湖西区域的防洪以及水污染防治的需要,2010 年 10 月至 2011 年 5 月,滆湖(武进)退田(渔)还湖一期工程(以下简称"滆湖退田还湖一期工程")实施,具体内容包括退田还湖区土方及淤泥开挖、护岸工程和排泥场填筑等工程措施。

滆湖退田还湖一期工程实施后,滆湖沿江高速(联三高速)以北区域功能定位由渔业养殖变为生态旅游。为满足区域的生态旅游功能定位要求,同时也为了配合于 2013 年 9 月至 10 月举行的第八届中国花卉博览会(以下简称"花博会")景观需要,建设单位在滆湖沿江高速以北西侧,利用退田还湖清退土方堆筑了 5 座生态岛。5 座生态岛沿滆湖西岸由北向南布置,滆湖正常蓄水位 3.20 m(吴淞高程,本章下同),占用水域面积 18 543 m^2(27.81 亩)。

滆湖在太湖流域湖西地区是重要的行洪、蓄洪湖泊,滆湖生态岛建设占用水面对滆湖调蓄洪水能力带来了影响。该工程是涉水项目,依据水利部、原国家计委《河道管理范围内建设项目管理的有关规定》(水政〔1992〕7 号)、《江苏省建设项目占用水域管理办法》(2013 年 1 月 28 日江苏省人民政府第 87 号令)等法规,对于河道管理范围内建设项目,应进行防洪评价,依法办理水行政许可手续。

8.1.2 技术路线及工作内容

根据有关规定,建设跨河、穿河、穿堤、临河的桥梁、码头、道路、取排水工程等涉水建筑物,应当符合防洪标准、岸线规划、航运要求和其他技术要求,不得危害堤防安全,影响河势稳定,妨碍行洪通畅;其可行性研究报告按照国家规定的基本程序报请批准前,其中的工程建设方案应当经有关水行政主管部门根据上述防洪要求审查同意。

因此,生态岛建设工程的防洪影响评价主要从工程对滆湖调蓄量的影响,对滆湖及周边地区防洪的影响以及对滆湖的行洪安全等方面进行评价。具体包括以下几个方面:

(1) 收集武进区、滆湖的基本情况(包括水文、气象、周边水系等)、近期水利规划文件、工程建设方案、工程规划建设内容等资料;

(2) 计算工程所占水域面积、库容,分析生态岛工程对滆湖水域面积、防洪调蓄库容及行洪安全等的影响,并作出评价;

(3) 提出对工程所占水面积的具体补偿措施;

(4) 结论与建议。

8.2 基本情况

8.2.1 地理位置

常州市武进区位于长江三角洲太湖湖西平原东北部,常州市的南部。区域东部和南部分别与江阴市和无锡市锡山区、宜兴市接壤,北接常州市主城区和新北区,西部与金坛市、丹阳市毗邻,全区总面积 1 242.3 km^2。境内平原宽广,地势低平,河网稠密。平原圩区占总面积的 99%,其中水面占总面积的 27.4%,是典型的"江南水乡"。

滆湖(武进)退田(渔)还湖一期工程生态岛位于滆湖沿江高速以北西侧,共包括 5 个岛屿,从北至南布置于武进花博湾前沿水域,项目地理位置及滆湖周边开发利用现状见图 8.2-1。

8.2.2 周边水系

滆湖位于太湖流域中部,属南溪水系。西接长荡湖(洮湖),东连太湖,北承京杭大运河来水。东西两岸分别有武宜运河和孟津河自北而南纵向环绕。滆湖周边水系为平原水网,无明显的汇水边界,滆湖湖水依赖地表径流和湖

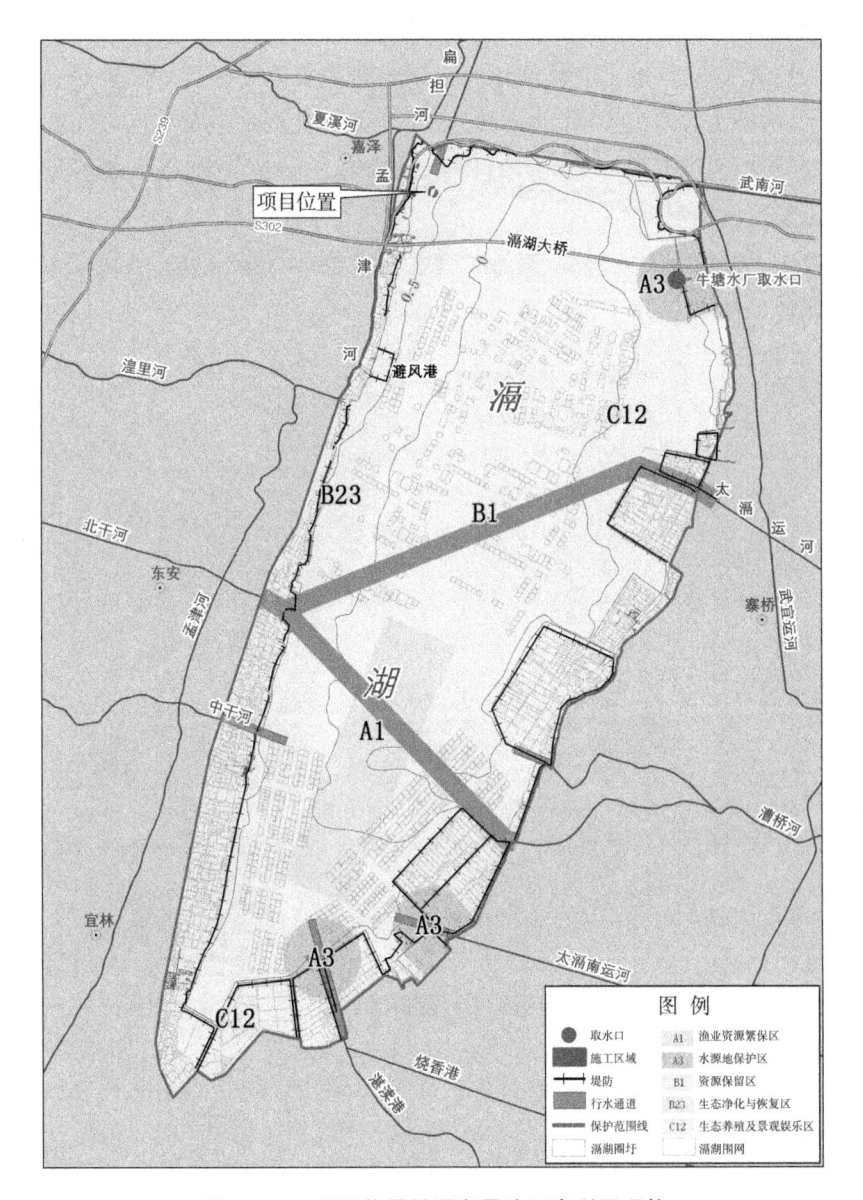

图 8.2-1　项目位置及滆湖周边开发利用现状

面降水补给，主要的入湖河道为位于西部的加泽港、塘门港、安欢渎、横渎港、新渎港、北渎港、北干河、尧渎港、周家港、丰义港、元村港、大嘴渎、庄家渎、五七农场东河等14条河道；出水河道位于东南部，主要有太滆运河、漕桥河、殷村港、高睦港、管渎河、西庄村河、副渎、集义渎、吴家渎、塘渎港、富渎港、太平河、油车港、大洪港、十五洞桥河等15条出湖河道。主要入湖河道扁担河承接京杭大运河来水，西北部夏溪河承接金坛市东南部降雨径流和部分丹金溧漕河来水，西部主要有湟里河、北干河、中干河承接洮湖水以及洮滆之间降雨径流，主要出湖河道有太滆运河、漕桥河、殷村港等东注太湖，入出湖河道上均无水工建筑物控制。

  本次工程位于滆湖西部，周边主要为士渎港等入湖河道。滆湖周边水系如图8.2-2所示。

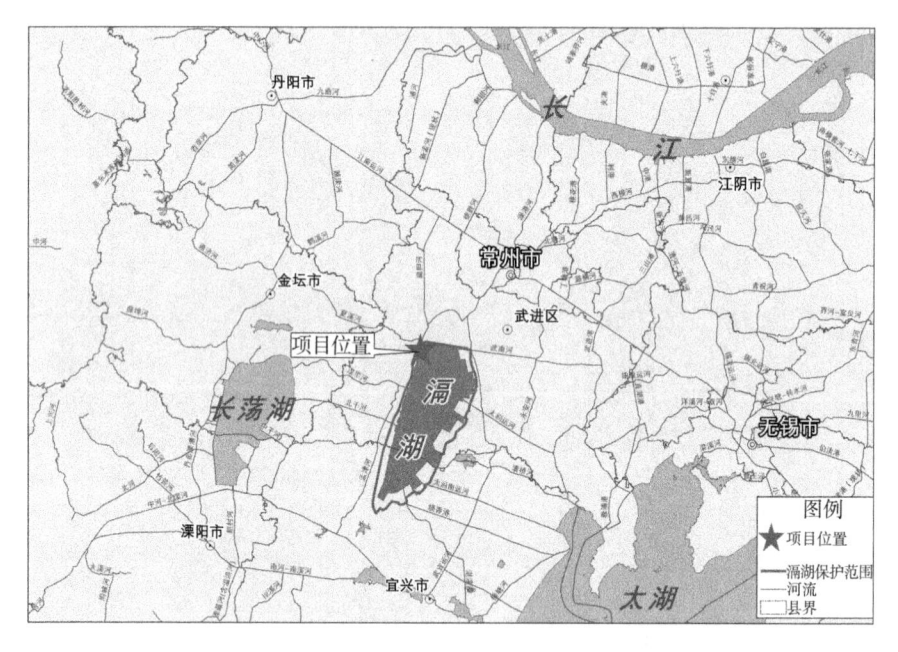

图8.2-2 滆湖周边水系

8.2.3 地形地貌

  滆湖地貌属水网冲积平原，湖区地势较低洼，湖周边陆域多人工围田及鱼塘，地势相对均较低。湖区地层分布和两岸基本相同，根据地质勘察资料，湖底主要为硬土层，部分区域分布有淤泥质土，层厚最大可达7 m；埋深18 m以下有3～4层、1～4层硬塑状黏土，土质良好，层厚最大可达23 m。

  滆湖湖底平坦，无明显起伏，据滆湖退田还湖一期工程实施前水下地形测量资料，湖底平均高程约2.2 m（平均水深约1.1 m），最低高程约1.6 m，高于太湖湖心区平均高程 1 m 左右。滆湖退田还湖一期工程实施后,退田还湖区湖底高程与湖区生态清淤底高程相衔接,南部区域为 0.9 m,北部区域为 0.8 m。

8.2.4 气象气候特征

滆湖位于北亚热带和北温带的过渡地带,属北亚热带湿润的季风气候区,气候总的特点是:四季分明,气候温和,雨水充沛,日照充足,无霜期长。冬季北风多,受北方大陆冷空气侵袭,干燥寒冷;夏季偏南风占多,受海洋季风的影响,炎热湿润;春夏之交多"梅雨",夏末秋初有台风,干湿冷暖适量。

多年平均气温 15.6℃,极端最低气温-12.5℃(1969年),极端最高气温 39.9℃(2003年)。年平均相对湿度 80%;多年平均年降水量为 1 074 mm;多年平均年蒸发量 1 058 mm。

全年无霜期 222 天左右,年平均水温 16.4℃,10℃以上的活动积温 4 885～5 020℃/年,约 250 天。

8.2.5 水文特征

滆湖死水位为 2.00 m,相应库容 0.25 亿 m³;正常蓄水位为 3.20 m,相应蓄水面积 144.10 km²,相应库容 1.78 亿 m³;设计洪水位 5.43 m,相应库容 5.03 亿 m³;多年平均水位 3.27 m,历史最高水位 5.43 m(1991年7月7日);历史最低水位 2.42 m(1979年1月31日)。

目前全湖平均透明度在 0.50 m 左右,其中西南部有水草湖区透明度可达 0.6 m 以上,无水草湖区大多在 0.3 m 左右。

滆湖流速在 0.03～0.05 m/s 之间,流向为西北至东南方向,在 2～3 级东南风的作用下,西南部湖区可形成一顺时针向的回流。

8.2.6 社会经济

滆湖的大部分区域位于常州市武进区,一部分属无锡市宜兴市。20 世纪 90 年代之前,滆湖以及环湖区域拥有丰富的生态资源、渔业资源和水资源,为区域经济社会发展做出了重大贡献。

武进区位于长江三角洲太湖平原西北部,东邻江阴市、无锡市,南接宜兴市,西毗金坛市、丹阳市,北靠常州市主城区和新北区,全区总面积 1 242.3

km^2。全区经济基础雄厚,经济综合实力强,经济和社会发展水平在全国县级区域始终处于领先地位,是"中国明星县(市)""中国首批小康县(市)"之一。

为顺应城市的发展规律,常州市武进区成立了西太湖生态休闲区。西太湖生态休闲区位于主城的西南部,总面积 33 km^2,具体范围为:北至长金路、夏溪镇北镇界,东至常泰高速公路,西至嘉泽镇、夏溪镇西镇界,南至联三高速公路、嘉泽镇南镇界。包括经济开发区、嘉泽镇域、夏溪镇域的全部区域,邹区、牛塘、卜弋镇域的部分区域,以及八一、六一农场,是长三角地区休闲旅游目的地之一、武进区 RBD,是集生态、游憩、休闲、度假、科研、高档居住于一体的湖滨新城。

8.3 相关规划及方案

8.3.1 《江苏省滆湖保护规划》

根据江苏省第十届人民代表大会常务委员会第十一次会议通过的《江苏省湖泊保护条例》(自 2005 年 3 月 1 日起施行),2006 年江苏省水利厅组织编制完成《江苏省滆湖保护规划》(以下简称《滆湖保护规划》),并经江苏省政府批准。本规划的主要内容包括:

(1) 湖泊保护范围

滆湖保护范围为设计洪水位 5.43 m 以下的区域,包括湖泊水体、湖盆、湖洲、湖滩、湖水出入口、湖堤及其护堤地等。滆湖保护范围面积 193.75 km^2,保护范围线包括北线、西线、东线和宜兴范围内东线、南线,全长 65.78 km(其中北线是以原武进区农业开发区防洪大堤为基础划定的,该段东起武进区牛塘镇十五洞桥,西至夏溪河茶泽桥,全长 7.60 km)。宜兴市范围内南线圩堤以外至村庄外缘划为退田(渔)还湖规划保留区,面积 20.04 km^2;滆湖保护范围内湟里河口至太滆运河口(或漕桥河口,视新孟河规划而定)800 m 宽度的区域为新孟河规划保留区。

(2) 湖泊功能

规划确定滆湖主要有六大功能,分别为蓄洪、新孟河行水通道、供水、生态、渔业、旅游。其中蓄洪、新孟河行水通道、供水、生态为公益性功能,渔业和旅游为开发利用功能。功能间相互协调,开发利用功能须服从公益功能。

①蓄洪、行水通道功能

滆湖作为太湖流域湖泊群的重要组成部分,西接洮湖,北通长江,东临太湖,南连东氿、西氿。区域水系发达,沿湖河港纵横,水网交错,可以接纳和调蓄西部洮湖来水、夏溪河区域降雨径流以及北部京杭大运河通过扁担河来水,并由东部及南部的太滆运河、漕桥河、殷村港、集义溇等河道排入太湖。因此,滆湖在太湖湖西水系中起着调蓄降水径流和接纳运河来水的作用,一方面缓解太湖湖西地区降水径流对环湖地区防洪压力,另一方面在区域内调节江、湖、河之间的水源分配,在太湖湖西区域防洪中,具有较大的作用和较高的地位。新孟河规划实施后,滆湖将成为向太湖输送长江清洁水源的过水通道,同时,新孟河规划工程将增强洮滆间涝水北排长江的能力,减轻太湖湖西防洪压力。

②供水功能

滆湖在正常水位下库容约为 1.78 亿 m^3,每年出入湖水量在 8～10 亿 m^3 左右。滆湖可以直接为环滆湖地区提供较为丰富的水资源,用作农业灌溉用水、工业用水、渔业用水、河道生态环境用水、饮用水等。

③生态功能

湖泊作为一种重要的自然资源,不仅具有调蓄、供给水资源的功能,还是生物栖息地,具有维护生物多样性、净化水质、调节气候、维持区域生态平衡的功能,在整个自然界物质循环过程和经济社会持续发展中起着重要的作用。

④渔业功能

滆湖渔业资源十分丰富,有各种鱼虾 60 余种,近年出产的品种主要有鲤、鲫、草、青、鲢、鲂、鳊,以及青虾、白虾、河蟹、螺、河蚌等。

渔业养殖是人类开发利用湖泊功能的最主要方式之一。滆湖渔业是沿湖农村经济发展和渔农民致富的支柱产业,2004 年滆湖渔业总产值为 2.55 亿元,围网养殖产值为 2.19 亿元,渔农民人均收入为 7 156 元。

⑤旅游功能

湖泊具有良好的自然生态资源,具有离常州市武进城区较近的区位优势,并与武进区的春秋淹城遗址公园相邻,具备发展观光、旅游休闲的良好条件。目前湖面已有 11 家供人们观光游览的船只,日均游人有 100 余人。联三高速滆湖大桥正在建设中,设计为"路—桥—路—桥—路"形式,其中间路段为 800 m 观光休闲区。

（3）保护意见

①保护湖泊形态，防止侵占湖域；优化调度，维持合理水位；优化开发利用方式，控制开发利用规模，加强生态保护，维护湖泊生命健康。

②加强污染防治，保护湖泊水质；清除行水障碍，有计划推进退田（渔）还湖；压缩养殖面积，调整养殖方式。

③制定有关湖泊治理、开发利用等专项规划，完善各类调度预案，落实各级政府与部门责任，加大投入，推进治理进程。

④设立滆湖水文、水质、生物监测中心站，全面监测湖泊水文、水质、生态；建立相应的预警系统，为滆湖治理和科学管理提供技术支持。

⑤加强湖泊政策研究，制定完善各类规章制度，健全湖泊管理机构，规范湖泊保护、开发、利用和管理行为。

⑥加大湖泊保护宣传，提高全民的湖泊保护意识，鼓励公众参与，使滆湖保护成为全民共识。

（4）实施计划

滆湖蓄洪区面积达到 $178.92\ km^2$；保护范围线内滆湖东部、南部围垦全部清退；滆湖西部保护范围线内鱼塘全部清退并建成生态净化区；开发利用区、控制利用区以外围网全部清退，开发利用区、控制利用区内围网实行小区式管理。

其中近期实施重点为：

①完善湖泊管理体制，组建管理机构或加强管理能力，落实管理责任，制定管理办法。依照《江苏省湖泊保护条例》和本规划开展管理和保护工作。

②完成滆湖保护范围及行水通道等主要保护区的勘界与保护标志的设立工作。

③编制和实施滆湖水域内围网养殖拆除计划，先行清退行水通道、饮用水源取水口保护范围内的围网，新孟河行水通道保护区内与新孟河规划实施同期进行清障。

④编制渔业、退田（渔）还湖等开发利用专项规划，压缩养殖面积，调整养殖模式。

⑤逐步开展湖泊水资源保护规划、重要湖区生态保护规划，加强入湖污染源防治、内源治理和生态修复。

⑥开展湖泊水文工作，加强水量水质监测，建立水质预警系统。

⑦开展滆湖地理信息系统集成工作。

⑧对退田(渔)还湖规划保留区内开发活动进行管理和限制。

8.3.2 《太湖流域防洪规划》

《太湖流域防洪规划》关于湖西区防洪除涝的主要内容：

(1) 防洪除涝标准

近期：区域防洪标准总体达到20年一遇，并向防御50年一遇洪水过渡；南渡以西山丘区和通胜地区防洪标准为10年一遇。除涝标准为10~20年一遇。

远期：区域防洪标准总体达到50年一遇，南渡以西山丘区和通胜地区为20年一遇。

(2) 防洪工程布局

继续贯彻洪涝分开、分片控制、高水高排、山圩分治的方针，坚持蓄泄兼筹、以泄为主、确保重点、兼顾一般的原则，西南部山丘区发挥大中型水库拦截和错峰作用，加强山洪地质灾害防治，中部利用洮湖和滆湖调蓄，北部进一步扩大排江能力，东部以入太湖为主。

在现有防洪工程体系基础上，结合新孟河延伸拓浚等流域综合治理重点工程，北部增大排江河道和泵站规模，进一步扩大洪水北排长江出路；南部山区主要依靠大中型水库拦蓄洪水；中部平原地区进一步发挥洮湖、滆湖及河网的调蓄作用，增加水系间联系；东部整治入湖河道，合理安排入湖河道规模；西部山丘区合理选取撇洪沟、河道整治、洼荡滞洪等工程措施。同时，加高加固现有圩堤，完善圩区治理，重点确保人口集中、经济发达的重要城镇，经济开发区和重要基础设施安全。

8.3.3 《滆湖(武进)退田(渔)还湖规划》

2007年，武进区政府组织编制完成了《滆湖(武进)退田(渔)还湖专项规划》(以下简称《专项规划》)，并经省政府办公厅以苏政办函〔2007〕97号文件函复批准。根据湖泊保护规划，滆湖保护范围线(红线)内总面积193.75 km^2，规划滆湖东部、南部围垦全部清退成正常湖泊，西部保护范围线内鱼塘全部清退并建成生态净化区。目前红线范围内围垦面积46.38 km^2，其中武进区境内23.96 km^2，宜兴市境内22.42 km^2。清退工程内容包括现状堤防清除、田面挖深、渔埂清除以及鱼塘和现状湖面清淤等，土方量达

3 188 万 m³。另在红线保护范围之外征地堆土有一定难度,规划在清退区域安排一定面积的排泥场,为尽量增加退田还湖后的成湖面积,排泥场尽量堆高。《专项规划》考虑地区经济社会发展和工程实施需要,确定了退田还湖 17 km²,保留 6.96 km² 作为排泥区的方案,并明确退田(渔)还湖分为两期,首先实施联三高速以北的新丰圩、建设圩、八一养殖场、七一农场、西河圩、塔下圩等圩区的退田(渔)还湖工程以及联三高速以北的湖面清淤和退渔工程;后期实施联三高速以南的工程。

8.3.4 《新孟河单项工程规划报告》

根据《新孟河单项工程规划报告》,工程将在滆湖湖底抽槽,规模为底宽 40 m,底高程 −1.0 m,边坡比 1∶5,形成湟里河至太滆运河(或漕桥河)的过水通道,同时拓浚北干河、湟里河以增强过水能力,建设新孟河—京杭大运河和太滆运河(或漕桥河)—武宜运河立交工程,治理新孟河入河污染源,保障引自长江的清洁水源不受污染,通过滆湖输送到太湖。该工程定位为:扩大、增强太湖流域、洮滆区域北排长江能力,减少洪水入太湖总量,提高流域和区域防洪标准,同时,扩大流域沿长江引水能力,提高流域水资源配置能力,促进湖西区水资源保护。

8.3.5 《太湖流域水环境综合治理总体方案》

《太湖流域水环境综合治理总体方案》提出的重点治理项目和工程中,与滆湖相关的有:

(1) 新孟河延伸拓浚工程

规划延伸拓浚新孟河,通过新孟河从太湖流域上游引长江水入太湖。竺山湖和梅梁湖是太湖水质污染较重的湖区,新孟河引江可以改善两个湖湾及太湖西岸水质,促使太湖整体水体流动。

(2) 西太湖综合整治工程

内容包括:湖泊清淤、退渔(田)还湖、退耕还林、水系整治、村庄整治和工业整治等工程。

8.3.6 《常州市滆湖水环境整治规划》

规划对滆湖现状水环境进行了评价,明确了滆湖水环境整治的范围和内容,明确了滆湖水环境整治的实施方案和滆湖水环境整治的重点项目及投资估算。涉及的滆湖综合治理工程有清淤、湿地建设和围网面积缩减,以及湖区植被生态人工调控工程等。清淤工程分为两个阶段,首先是饮用水源保护及渔业资源保护区的清淤,面积约 1 500 hm^2;其次是网围区及其他大水面区的清淤,面积约 5 300 hm^2。规划在湖床清淤过程中,结合清淤堆放点等措施,在滨湖区域建设生态湿地;结合湖底清淤工程,对网围区域进行调整缩减,进一步优化养殖结构,通过分周期、分片区引种栽培、繁殖保护、清除水草以及引进优秀的外域性水草,改善湖泊水草群落。

8.3.7 《常州市城市总体规划》

《常州市城市总体规划》把滆湖定位为"旅游休闲区";同时确定为生态敏感区,明确"应严加保护,在保护的前提下有条件地开发","严格保护三湖(滆湖、洮湖、太湖)地区";环滆湖地区管治范围为沿滆湖的水域及岸线后退 1 km 的陆域;"原则上禁止城镇建设活动,要加强管理力度,严格执行国家有关规范,确保生态环境优化";"全面开展湿地保护,建立滆湖湿地保护区,严格禁止对河道、滩荡的任意侵占和破坏";"建设沿长江、滆湖和太湖生态保护协调区";"实施滆湖周围的退田还湖,退塘还湖,加大滆湖水面,增加滞洪容量,增强水质自然净化能力";"运河、滆湖等其他地面水源可作为对水质要求不高,且用水量较大的工矿企业的自备水源"。

8.3.8 《武进区发展战略(总体)规划》

《武进区发展战略(总体)规划》提出"环滆湖休闲旅游度假区以滆湖水面为中心,以农发区为旅游发展中轴,两侧 6 个镇沿湖湿地为主体,建成环滆湖旅游风景区,内容包括'三区一带一城',核心生活服务区、旅游度假区、生态科技农业区、田园风光带、水景娱乐城"。根据规划,"生态控制区原则上禁止城镇建设活动,主要范围为环滆湖区域、环太湖区域……";"滆湖环"为"环滆湖的自然风光景观带";在"风景旅游"方面,"重点建设……滆湖休闲旅游度假区";"着手规划滆湖地区环境保护与资源开发利用项目,在此基础上规划建设滆湖休闲旅游度假区"。

8.3.9 《武进水环境治理及保护规划》

根据《武进水环境治理及保护规划》(2003—2020),"滆湖综合治理工作有:清淤、湿地建设和围网面积缩减";"……河段西侧的建设需要与滆湖的湿地建设统一规划进行"。

8.4 滆湖退田还湖一期工程实施情况

滆湖(武进)退田(渔)还湖一期工程包括退田还湖区土方及淤泥开挖、护岸工程和排泥场填筑等工程项目。项目实施主体为常州市武进西太湖生态休闲区管委会下属常州市武进西太湖滨湖城建设投资有限公司,实施时间为2010年10月至2011年5月,共开挖土方534万 m³,前期补偿及工程投资累计3.268亿元。具体施工范围为:沿江高速公路以北的滆湖西北部和东北部,涉及河口高滩、建设圩、新丰圩、西河圩、塔下圩、八一养殖场和七一农场等,总面积3.988 km²,其中退田还湖面积2.108 km²,比设计多退0.1 km²。东部排泥场面积1.13 km²,西部排泥场面积0.75 km²,排泥场面积合计1.88 km²。

工程施工采用挖机挖土及淤泥,用汽车运输至指定排泥场。排泥场严格按照规划执行。共涉及岸线调整6 950 m,其中东部3 725 m,西部3 225 m。通过岸线调整,使大堤的防护标准由50年一遇提高到100年一遇。排泥场岸线防护采用生态混凝土护坡。

项目实施使滆湖北部湖区面积扩大2.108 km²,有效增加了湖体容积,增强了调蓄洪能力,同时改善了周边环境,起到了生态保护作用。

8.5 湖泊演变

8.5.1 湖泊形成过程

滆湖地处太湖流域湖西地区,隶属太湖水网平原区。

太湖水网平原区北与长江三角洲平原相接,西部直抵宁镇及宜溧丘陵山地的前缘,是由长江南岸沙嘴与长江口南侧沿海沙坝围封而成的古潟湖堆积平原。大约距今六千至七千年间,长江携带大量泥沙在镇江、扬州之间入海,泥沙逐渐淤积,海岸线逐渐外移。入海的泥沙在潮流和波浪作用下,沿岸堆积形成滨岸沙堤,并在河口两侧发育沙嘴或沙坝,向外延伸与滨岸沙堤相连,将太湖地区围封成滨海潟湖。该地区经大气降水逐渐淡化,并继续接受长江泥沙堆积形成太湖洼地平原。太湖水网平原区内地势较平坦,地形特点是太湖周边地区略高,地面高程一般3～5 m,坡降1/10 000左右,中间低洼,苏州东地面高程仅1～2 m,环湖湖荡河汊密集成网。太湖位于平原区中部,也是地势最低处,湖底平均高程约1.1 m,最低高程0.4 m。太湖周边地区分布有东洞庭山、海洋山、光福山丘、军嶂山、十八湾山丘、牛肩顶诸丘陵,太湖中尚耸立有西洞庭山、马迹山,这些断续残丘高程一般为100～341 m,湖西茅山及宜兴低山丘陵是天目山的余脉,构成太湖平原区的西界。

滆湖是由潟湖演变所形成,属于古太湖地区的一部分。最初,因地震发生地陷而成潟湖(滆湖)。关于其形成时间,现有两种说法,一说形成时间为晋朝,如《嘉泽乡志》有云,晋朝年间,滆湖是一古城,后经地震陷落而成湖泊。二说形成时间为唐代,如《南夏墅乡志》录《孙氏宗谱》有云,滆湖相传为唐天宝年间所陷。有专家认为,滆湖形成于晋、唐时代二说缺少其他史籍资料和考古资料的支持,均不可信;依据现有的相关史籍资料和考古资料,滆湖的形成时间应在东汉中晚期。因太湖地区第三纪以来的地层运动形成凹陷,凹陷由于海水浸入,成为嵌入陆地的浅海湾。大约在公元前3600年,长江尚在镇江一带入海,钱塘江在杭州一带入海,随着这两条大河所携带的大量泥沙在河口地区的堆积,形成冲积沙嘴、三角洲;与此同时,海流和波浪携带着泥沙,又在不断成长的三角洲的沿岸海湾地区堆积成沙堤、沙坝。沙嘴、沙坝逐渐扩大延伸,最终衔接起来,于是,在长江南岸沙嘴和钱塘江北岸沙嘴以及海岸沙堤合围下的太湖区,从最初的海湾形态逐渐封淤形成潟湖的形式。潟湖在形成之初与海洋是相通的,海水仍可经通道进入潟湖。后来由于泥沙的继续堆积和沙嘴的持续扩大,在碟形洼地进一步发展的过程中,潟湖最终被封闭,残留于三角洲平原,经逐渐淡化,形成和海洋完全隔离的古太湖。

古太湖在形成过程中及其形成以后,湖底地形略有起伏,在后期的堆积过程中,堆积量在地区分布上存在着差异,从而使大碟形洼地发生地貌分化现象,分别形成几个小碟形洼地。在这些小碟形洼地中,形成了汇水的湖群,滆湖就是其中的一个。至此,滆湖从古太湖中分离出来,形成了一个独立的湖泊。

8.5.2 近期演变分析

中华人民共和国成立初期,滆湖湖泊水面积187 km^2,出入河港78条,人类开发活动极少。目前,滆湖开发利用形式主要为围垦养殖和围网养殖,另有少量的水上休闲旅游。围垦开发始自20世纪50年代中期,在湖周高滩地与农田交界处,为扩展种粮面积形成少量围田,此类开发利用活动延续到20世纪60年代末,属无组织、自发性的小规模开发利用活动。据不完全统计,滆湖宜兴境内围垦了8.32 km²,滆湖武进境内围垦了1.56 km²。大规模、有组织的围垦活动始于1970年。20世70年代,滆湖宜兴境内围垦了34.98 km²(包括徐家大荡的1.51 km²),其中1970年为20.51 km²,1971年为1.1 km²,1976—1978年为13.37 km²;滆湖武进境内围垦了33.42 km²,其中1971年为20.84 km²,其余面积于1975—1980年逐年围垦而成。据档案资料,滆湖宜兴境内自1979年停止围垦开发,滆湖武进境内自1981年停止围垦开发。中华人民共和国成立以来,滆湖共围垦了78.28 km²。滆湖自然演变和人类活动影响至今,其湖盆形态如一长茄。

20世纪50—80年代滆湖围垦演变如图8.5-1所示。滆湖大规模围垦的主要利用方式是放养"三水"(水葫芦、水浮莲、水花生)和生产粮食,20世纪80年代开始调整产业结构,发展特种水产养殖。目前,围湖区大部分为鱼塘。20世纪80年代以来,滆湖水面围网养殖面积从不足2 677 hm²(4万亩)逐年扩大到47.08 km²。

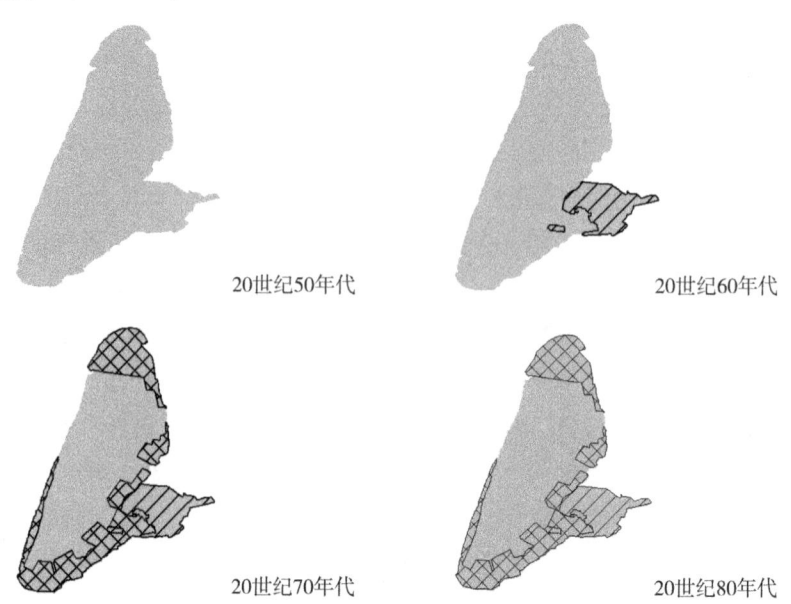

图8.5-1 滆湖围垦演变

8.5.3 演变趋势分析

目前,滆湖开发利用方式主要是渔业养殖,包括围垦养殖和围网养殖。根据统计,滆湖保护范围内围湖区总面积为 35.17 km^2(不含 1971 年形成的武进农业开发区的 20.00 km^2),净围网养殖面积为 47.08 km^2;迎水面堤肩线内面积为 146.78 km^2,水域面积为 144.1 km^2(相对于 3.20 m 的水面高程,含围网),净水域面积为 97.66 km^2,淤滩(芦苇滩地)面积为 1.73 km^2,其他面积为 1.62 km^2(主要为河道、堤坡的面积)。

根据加强滆湖保护,改善滆湖水生态环境,恢复滆湖调蓄能力,促进太湖水环境综合治理的要求,随着《江苏省滆湖保护规划》的落实及《滆湖(武进)退田(渔)还湖专项规划》的实施,滆湖保护范围内的围垦、围网的清退,防洪大堤的修整,滆湖最终将形成完整的防洪堤防,滆湖保护范围面积将达到 193.75 km^2,蓄洪区面积达到 178.92 km^2,湖泊形态将保持稳定。

8.6 防洪评价计算

滆湖位于常州市武进区西南部与无锡市宜兴市东北部间,东西最宽处 9.5 km,南北长约 23 km,属草型浅水湖泊,是太湖流域及太湖流域湖西区重要的行洪、蓄洪湖泊,也是湖西区重要供水水源地,主要功能为蓄洪、新孟河行水通道、供水、生态、渔业、旅游。由于滆湖地处太湖上游,有向太湖供水的功能,其供水的水量和水质对太湖至关重要。

根据已建生态岛工程总体布置,5 个生态岛从北至南布置在滆湖西岸。生态岛建设占用了滆湖部分水面,并改变了原先滆湖的水体边界条件,对滆湖调蓄洪水和局部水环境带来了影响。因此,需对生态岛工程进行防洪影响评价。

8.6.1 工程对湖泊水域面积的影响计算

滆湖作为太湖流域湖泊群的重要组成部分,在太湖湖西水系中起着调蓄降水径流和接纳运河来水的作用,一方面缓解太湖湖西地区降水径流对环湖地区防洪压力,另一方面在区域内调节江、湖、河之间的水源分配,在太湖湖西区域防洪中,具有较大的作用和较高的地位。

生态岛的建设占用了涌湖部分水域面积,对涌湖的蓄洪能力有一定的影响。根据《涌湖保护规划》,涌湖正常蓄水位为 3.20 m 时,相应蓄水面积 144.10 km^2;涌湖设计洪水位 5.43 m 时,相应蓄水面积 193.75 km^2。据此计算,正常蓄水位(3.20 m)时生态岛工程占用水域面积为 18 543 m^2(27.81 亩),减少的水域面积占涌湖蓄水面积的八千分之一;设计洪水位(5.43 m)时各生态岛中仅有 4#岛顶部在水位之上,占用水域面积为 491 m^2(0.74 亩),减少的水域面积仅占涌湖蓄水面积的百万分之三。可见,工程占用涌湖水域面积的比例很小。

8.6.2　工程对湖泊库容的影响计算

生态岛的建设占用了涌湖部分防洪调蓄库容,对涌湖的蓄洪能力有一定的影响。根据涌湖退田还湖一期工程实施后湖底地形及生态岛施工资料,可计算出生态岛工程合计减少涌湖兴利库容 2.85 万 m^3(涌湖水位从死水位 2.00 m 涨至正常蓄水位 3.20 m 之间的库容),减少有效防洪调蓄库容 0.95 万 m^3(涌湖水位从正常蓄水位 3.20 m 涨至设计洪水位 5.43 m 之间的库容)。涌湖有效防洪总库容 3.8 亿 m^3,生态岛工程减少的有效防洪库容占涌湖有效防洪总库容的十万分之三。

8.6.3　工程对涌湖及周边地区的防洪影响计算

计算表明,生态岛工程占用的水域面积及防洪调蓄库容占涌湖水域面积及总防洪库容的比例均很小,对涌湖本身的最高洪水位基本无影响。受湖西区其他水面的调蓄影响,工程建设对上下游的影响几乎为零。

8.7　防洪综合评价

8.7.1　项目建设与有关规划及方案的适应性分析

生态岛工程建设结合涌湖退田还湖一期工程同步实施,由涌湖退田还湖一期工程中的清退土方堆筑形成,与《江苏省涌湖保护规划》中"清除行水障碍,有计划推进退田(渔)还湖"、《太湖流域防洪规划》中"在现有防洪工程体系基础上……中部平原地区进一步发挥洮湖、涌湖及河网的调蓄作用,增加水系间联系",《滆湖（武进）退田（渔）还湖专项规划》中"明确退田（渔）还湖分为两期,首先实施联三高速以北的新丰圩、建设圩……等六个圩区的退田（渔）还湖工程以及联三高速以北的湖面清淤和退渔工程",《太湖流域水环境综合治理总体方案》中"在西太湖实施湖泊清淤及退田（渔）还湖",《常州市滆湖水环境整治规划》及《武进水环境治理及保护规划》中"滆湖综合治理工作有:清淤、湿地建设和围网面积缩减"等意见相一致。

生态岛工程建设虽占用了部分水域面积和蓄洪库容,但建设单位已在滆湖退田还湖一期工程实际多成湖面积的 0.1 km² 中安排补偿,符合《江苏省滆湖保护规划》中"保护湖泊形态,防止侵占湖域"、"蓄洪区范围内禁止建设侵占调蓄库容的设施"等保护意见的要求。

生态岛工程建设在花博会主展区前沿水域,岛上种植水杉、池杉、垂柳等景观植被,提升了花博会展区及滆湖的景观层次,与《江苏省滆湖保护规划》中对滆湖旅游功能的定位相一致;与《常州市城市总体规划》中把滆湖定位为"旅游休闲区",要求"充分利用滆湖水面,建设滆湖风景旅游区,形成湖滨旅游胜地"的意见相一致;与《武进区发展战略（总体）规划》中提出"环滆湖休闲旅游度假区以滆湖水面为中心,以农发区为旅游发展中轴,两侧 6 个镇沿湖湿地为主体,建成环滆湖旅游风景区,内容包括'三区一带一城',核心生活服务区、旅游度假区、生态科技农业区、田园风光带、水景娱乐城","滆湖环:环滆湖的自然风光景观带","风景旅游:重点建设……滆湖休闲旅游度假区","着手规划滆湖地区环境保护与资源开发利用项目,在此基础上规划建设滆湖休闲旅游度假区"等意见相一致。

8.7.2 对蓄洪的影响分析

滆湖是太湖流域湖西区调蓄性湖泊,在区域蓄洪滞涝中起重要的调蓄作用,正常蓄水位时蓄水面积为 144.10 km²。

分析计算表明,正常蓄水位下,生态岛工程占用滆湖水域面积 18 543 m²(27.81 亩),占滆湖蓄洪面积的八千分之一;减少有效防洪调蓄库容 0.95 万 m³,占滆湖有效防洪库容的十万分之三,占用比例很小,对滆湖本身的最高洪水位基本无影响,对上下游地区最高洪水位的影响几乎为零。

8.7.3 对行水通道的影响分析

滆湖行水通道保护区共划定六条主要出入湖河道的行水通道,分别为:

扁担河行水通道、北干河行水通道、中干河行水通道、高渎港行水通道、殷村港行水通道、太滆运河(漕桥河)行水通道。其中,因花博会施工需要,扁担河已改道后向西南汇入孟津河,其入湖口位于滆湖西岸、毗邻花博湾。另外,湟里河口至太滆运河(漕桥河)口 800 m 宽度的区域为新孟河规划保留区。

根据生态岛工程所处大地坐标,项目避开了已划定的六条主要出、入湖河道行水通道。从直线距离看,距生态岛最近的是孟津河入湖口,其距离生态岛 5♯岛的直线距离是 245 m,距离生态岛 2♯、3♯、4♯岛的距离分别为706 m、1 035 m、1 098 m,距离 1♯岛则更远,各生态岛均在《江苏省滆湖保护规划》中规定的扁担河行水通道宽度 200 m 的区域之外,符合要求。同时,由于生态岛工程位于滆湖西部岸边花博湾区域,与孟津河入湖通道所成角度很大,且该区域水体流动速度缓慢,不会对孟津河入湖水流产生明显影响。

此外,太湖流域新孟河延伸拓浚工程实施后,滆湖又成为向太湖输送长江清洁水源的过水通道。新孟河引长江水入滆湖目前采用北干河—太滆运河和北干河—漕桥河行水通道方案,湖内实施"北干河—太滆运河行水通道、北干河—漕桥河行水通道"方案,北干河口至太滆运河口宽度为通道中线两侧各 250 m。

生态岛工程位于滆湖西岸,距滆湖内北干河—太滆运河行水通道、北干河—漕桥河行水通道最短距离分别为 8.4 km 和 10.5 km,同时工程建设位置避开了扁担河、中干河、湟里河等入湖河道,不会对滆湖向东排泄洪水和供水造成影响。新孟河行水通道及滆湖入湖河道位置示意图如图 8.7-1。

8.7.4 对滆湖湖流的影响分析

根据《江苏省滆湖保护规划》,滆湖流向为西北至东南方向,流速在 0.03~0.05 m/s 之间,流速较低,而生态岛工程位于滆湖西部岸边区域,该区域水流受糙率影响,水体流动速度更为缓慢。另外,正常蓄水位下,5 个生态岛占用水面面积合计 18 543 m^2(27.81 亩),占滆湖蓄水面积八千分之一;设计洪水位下,生态岛工程占用蓄洪面积 491 m^2(0.74 亩),仅占滆湖蓄洪面积的百万分之三。由于生态岛所在滆湖区域水流流速很低,且生态岛工程占用滆湖水面面积极为有限,因此生态岛工程对滆湖的湖流基本无影响。

8.7.5 项目建设对湖泊环境及水功能区的影响

生态岛工程是结合滆湖退田还湖一期工程同步实施的,采用干法施工,

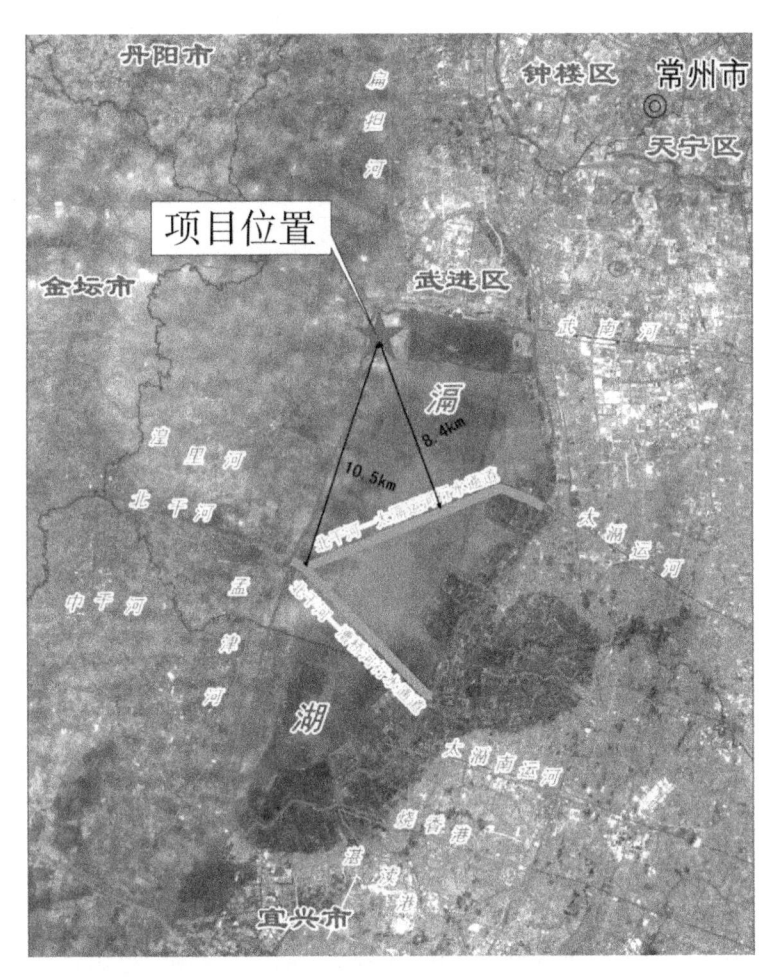

图 8.7-1　滆湖行水通道及入湖河道位置示意

施工完成后拆除围堰放水,生态岛周边是退田还湖后新生成水域,因此生态岛施工期间对湖泊环境无不利影响;生态岛施工完成后仅作为景观使用,岛上不建设码头、道路等基础设施及其他旅游设施,只种植景观植被,因此在运行期间也不会产生生产、生活污水及垃圾,对湖泊环境也没有不利影响。本项目位于滆湖渔业、景观娱乐用水区内,只作为滆湖及花博会水面景观使用,对区域水环境影响很小,符合水功能区管理要求。

8.7.6 项目建设对第三人合法水事权益的影响分析

本工程位于滆湖渔业、景观娱乐用水区内,区内除花博会展区,无其他合法水事户,因此不会对第三人诸如正常取排水等合法水事权益产生影响。

8.8 防治与补救措施

滆湖是湖西区重要的调蓄性湖泊,宽阔的水域对有效降低地区最高水位有巨大的作用,但如果无限制地缩小水面,对地区防洪的影响是巨大的。尽管生态岛工程对滆湖防洪影响甚微,但从保护滆湖水面积角度出发,应优化工程方案,尽量减少占用水域面积,并对不可避免占用的水域进行补偿。

根据计算,正常蓄水位(3.20 m)时,生态岛建设占用滆湖蓄水面积为18 543 m^2(27.81亩)。为保证湖泊水面面积不减小,规划结合滆湖退田还湖工程对本工程所占的水域面积予以补偿。

滆湖退田还湖工程规划总面积为23.96 km^2,其中沿江高速以北的建设圩、新丰圩、河口高滩共6个圩区的退田还湖已作为一期工程先行实施完成。根据《滆湖(武进)退田(渔)还湖专项规划》工程总体布置,生态岛附近的建设圩规划全部退田还湖,新丰圩沿江高速以南区域作为排泥场保留。根据《滆湖武进区退田还湖一期工程竣工验收意见》,工程实施后,实际工程总面积为3.988 km^2,其中退田还湖面积2.108 km^2,排泥场面积为1.88 km^2。相比江苏省水利厅2010年以苏水计〔2010〕78号文件批复的《滆湖退田还湖一期工程实施方案》和常州市水利局2010年以常水管〔2010〕73号文件批复的《滆湖退田还湖一期工程初步设计》,实际多恢复成湖面积0.1 km^2。

按照《江苏省湖泊保护条例》和《江苏省滆湖保护规划》的总体要求,为保证滆湖水域面积不减小,建设单位已规划在退田还湖一期工程实际多成湖的0.1 km^2里,补偿生态岛建设占用的水域面积0.018 5 km^2,调整后恢复的水域纳入滆湖保护区范围。

8.9 结论与建议

8.9.1 结论

1) 生态岛工程占用正常蓄水面积为 18 543 m²(27.81 亩),减少滆湖有效防洪调蓄库容 0.95 万 m³,水域工程所占水域面积与滆湖正常蓄水面积相比很小,减少的有效防洪调蓄库容占滆湖总防洪库容的比例也很小,工程建设对滆湖及周边地区的防洪无影响。根据《江苏省滆湖保护规划》中相关规定,已建生态岛占用滆湖保护范围湖面面积及调蓄库容须作相应补偿。拟通过滆湖退田还湖一期工程实际多成湖面积进行补偿。

2) 生态岛工程建设结合滆湖退田还湖一期工程同步实施,由滆湖退田还湖一期工程中的清退土方堆筑形成,与《江苏省滆湖保护规划》《太湖流域防洪规划》《滆湖(武进)退田(渔)还湖专项规划》中的退田还湖相关意见,《常州市滆湖水环境整治规划》及《武进水环境治理及保护规划》中对滆湖清淤治理等相关意见相一致;工程建设虽占用了部分蓄洪水域面积,但建设单位已在滆湖退田还湖一期工程实际多成湖的面积中安排补偿,符合《江苏省滆湖保护规划》中相关保护意见的要求。生态岛工程建设与《江苏省滆湖保护规划》《常州市城市总体规划》《武进区发展战略(总体)规划》等规划对滆湖旅游功能的定位及旅游开发的意见相一致。

3) 生态岛工程与孟津河入湖口有一定的距离,在《江苏省滆湖保护规划》中规定的扁担河行水通道宽度 200 m 的区域之外,符合规划要求,不会对孟津河入湖水流产生明显影响。同时,生态岛工程避开了其他主要入湖河道,对滆湖行洪通道不造成影响;工程距新孟河行水通道最短距离分别为 8.4 km 和 10.5 km,不影响滆湖的行水引排功能。

4) 生态岛工程在施工及运行期间不会产生生产、生活污水及垃圾,对湖泊环境没有不利影响;项目位于滆湖渔业、景观娱乐用水区内,只作为滆湖及花博会水面景观使用,对区域水环境影响很小,符合水功能区管理要求。

5) 生态岛工程位于滆湖渔业、景观娱乐用水区,区内除花博会展区,无其他合法水事户,不会对第三人诸如正常取排水等合法水事权益产生影响。

8.9.2 建议

1) 生态岛上虽无重要设施,不做洪水设防,但生态岛工程主要由土方新近堆筑形成,因此建议:一是在打设固坡木桩的基础上,进一步做好生态护坡,加强水土保持,避免在遭遇暴雨与非常洪水时水土流失严重而影响周边湖区水质;二是加强安全保护与管理,在各生态岛上明确设立警示牌等保护标志,禁止上人旅游及其他商业开发等行为。

2) 目前漷湖沿江高速以北湖区退田还湖工程已实施完毕,建议制定漷湖总体退田还湖实施方案及分期实施计划,尽快完成全湖的退田还湖工作,进一步提升漷湖水环境。

9

输电线塔的防洪影响评价

9 输电线塔的防洪影响评价

9.1 概述

9.1.1 项目背景

淮阴第二抽水站(以下简称淮阴二站)系南水北调工程第三级翻水站,承担着南水北调以及向洪泽湖和淮北地区补水的重要任务,同时还肩负向淮安市提供工农业生产、居民生活、生态环境等方面用水的任务,工程作用十分重要。新御-淮宝 220 kV 输电线路(以下简称御宝线)16♯—15♯塔段目前跨越淮阴二站上游引河,影响了淮阴二站的工程管理及后期建设发展。经江苏省淮沭新河管理处与淮安供电公司协商,拟将 220 kV 御宝线 16♯—15♯塔段进行移位并改造,以避开淮阴二站管理区域,改造后的线路拟从二河青坎上架设。新御-淮宝 220 kV 输电线路走向及跨二河段改造工程位置见图 9.1-1。

图 9.1-1 御宝线线路走向及跨二河段改造工程位置

御宝线跨二河段改造工程主要包括以下内容：拆除原 220 kV 御宝线 16♯塔，于 16♯塔南侧原线路下方建设 1 基转角塔（编号 G1），新建线路左转跨越淮阴二站上游引河后在二河中立塔 2 基（编号 G2、G3），于淮阴二站西侧折转向北，至地指庵附近拆除 220 kV 御宝线 15♯塔，于 15♯塔北侧原线路下方新建 1 基分支塔（编号 G4）与老线路搭接。路径长度约为 0.7 km，新建混压四回路铁塔 4 基。工程线路改造示意见图 9.1-2。

图 9.1-2　御宝线跨二河段改造示意

《中华人民共和国防洪法》第二十七条规定："建设跨河、穿河、穿堤、临河的桥梁、码头、道路、渡口、管道、缆线、取水、排水等工程设施，应当符合防洪标准、岸线规划、航运要求和其他技术要求，不得危害堤防安全，影响河势稳定、妨碍行洪畅通；其可行性研究报告按照国家规定的基本建设程序报请批准前，其中的工程建设方案应当经有关水行政主管部门根据前述防洪要求审查同意。前款工程设施需要占用河道、湖泊管理范围内土地，跨越河道、湖泊空间或者穿越河床的，建设单位应当经有关水行政主管部门对该工程设施建设的位置和界限审查批准后，方可依法办理开工手续；安排施工时，应当按照水行政主管部门审查批准的位置和界限进行。"

《中华人民共和国防洪法》第三十三条规定："在洪泛区、蓄滞洪区建设非防洪建设项目，应当就洪水对建设项目可能产生的影响和建设项目对防洪可能产生的影响作出评价，编制洪水影响评价报告，提出防御措施。建设项目可行性研究报告按照国家规定的基本建设程序报请批准时，应当附具有水行政主管部门审查批准的洪水影响评价报告。"

9.1.2　评价依据

法律、法规：

(1)《中华人民共和国水法》(2009年8月27日第十二届全国人民代表大会常务委员会第十次会议修正)；

(2)《中华人民共和国防洪法》(2009年8月27日第十二届全国人民代表大会常务委员会第十次会议修正)；

(3)《中华人民共和国电信条例》(2000年9月25日国务院令291号公布)；

(4)《中华人民共和国河道管理条例》(2011年1月8日修订)；

(5)《中华人民共和国航道管理条例》(2008年12月27日修订)；

(6)《江苏省防洪条例》(1999年6月18日江苏省第九届人民代表大会常务委员会第十次会议通过，2010年9月29日江苏省第十一届人民代表大会常务委员会第十七次会议修正)；

(7)《江苏省航道管理条例》(2006年11月30日江苏省第十届人民代表大会常务委员会第二十七次会议通过，2010年9月29日江苏省第十一届人民代表大会常务委员会第十七次会议修正)；

(8)《江苏省水利工程管理条例》(根据2004年6月17日江苏省第十届人民代表大会常务委员会第十次会议《关于修改〈江苏省水利工程管理条例〉的决定》第三次修正)；

(9)《河道管理范围内建设项目管理的有关规定》(1992年4月3日水利部、原国家计委水政〔1992〕7号发布);

(10)《江苏省河道管理实施办法》(根据2012年2月16日江苏省人民政府令第81号第四次修正);

(11)《淮安市水利工程管理实施办法》(淮政规〔2011〕4号文件印发);

(12)《中华人民共和国电力法》(2009年8月27日第十一届全国人民代表大会常务委员会第十次会议修正);

(13)《电力设施保护条例》(2011年1月8日第二次修订)。

规划文件:

(1)《淮河流域防洪规划简要报告》(水利部淮河水利委员会,2004年编制);

(2)《江苏省防洪规划》(江苏省水利厅,2011年);

(3)《分淮入沂整治工程可行性研究报告》(江苏省水利勘测设计研究院有限公司,2006年5月);

(4)《分淮入沂整治工程初步设计报告(送审稿)》(江苏省水利勘测设计研究院有限公司,2012年)。

技术规范、技术标准:

(1)《防洪标准》(GB 50201—94);

(2)《水利水电工程等级划分及洪水标准》(SL 252—2000);

(3)《堤防工程设计规范》(GB 50286—2013);

(4)《110 kV~750 kV架空输电线路设计规范》(GB 50545—2010);

(5)《堤防工程管理设计规范》(SL 171—96);

(6)《公路桥位勘测设计规范》(JTJ 062—91);

(7)《公路工程水文勘测设计规范》(JTG C30—2002);

(8)《江苏省河道管理范围内建设项目管理规定》(根据2004年7月5日江苏省水利厅苏水政〔2004〕20号文件修订);

(9)《河道管理范围内建设项目防洪评价报告编制导则(试行)》(2004年7月28日中华人民共和国水利部办公厅办建管〔2004〕109号通知)。

9.1.3 批复及相关文件

(1)《江苏省电力公司关于下达110千伏茅东线增容等技改项目计划的

通知》(苏电发展〔2012〕1393 号);

(2)《新御-淮宝跨二河段 220 kV 输电线路改造工程初步设计》(江苏省电力设计院,2013 年 6 月);

(3)《淮阴二站引河及上游公路桥工程地质勘察报告》(江苏省工程勘测研究院,2000 年 11 月);

(4)其他有关文件。

9.1.4 技术路线及工作内容

根据水利部水建管〔2001〕618 号文件、江苏省水利厅苏水管〔2001〕17 号文件通知精神和水利部办公厅办建管〔2004〕109 号文件通知关于《河道管理范围内建设项目防洪评价报告编制导则(试行)》的要求,以及江苏省电力设计院的委托意见,首先了解新御-淮宝 220 kV 输电线路跨二河段改造工程的基本情况、工程规模、总体布置、工程结构,分淮入沂整治工程等相关工程情况及《江苏省防洪规划》等相关规划设计文件的总体要求;其次,进行现场调研勘测,收集有关资料,与水利、电力等有关部门了解现状工程的运行情况,以及线路工程与有关方面的关系;再其次,按照国家法律、法规、技术规范、技术标准的规定,复核工程的防洪标准、等级以及有关技术和管理要求;最后,在分淮入沂工程等规划成果的基础上,进行防洪评价计算,开展防洪影响评价。

评价的主要内容为:一是对防洪安全的影响分析评价;二是对河势稳定的影响分析评价;三是对送电线路工程建设项目防洪标准与现有防洪标准、现有水利工程和有关规划的适应性、合理性分析评价;四是对防汛、第三人合法水事权益等有关方面的影响分析评价。

9.1.5 基准换算关系

本章高程系统除特别注明外均为 1985 国家高程基准,平面坐标系为 1954 年北京坐标系;部分数据采用废黄河高程基准均予以注明。

1985 国家高程基准与废黄河高程基准的换算关系为:

1985 国家高程基准＝废黄河高程基准－0.19 m。

9.2 建设项目概况

9.2.1 建设项目的名称、地点和建设目的

1. 项目名称

新御-淮宝 220 kV 输电线路跨二河段改造工程。

2. 建设地点

本项目地点位于淮安市清浦区城南乡新闸村,紧邻淮阴第二抽水站。新御-淮宝 220 kV 输电线路跨二河段改造工程在拆除原 220 kV 御宝线 16♯塔后,于 16♯塔南侧原线路下方建设 1 基转角塔(G1 塔),新建线路左转跨越淮阴二站上游引河后在二河东堤临水侧滩地立塔 2 基(G2 塔、G3 塔),于淮阴二站西侧折转向北,至地指庵附近拆除 220 kV 御宝线 15♯塔,于 15♯塔北侧原线路下方新建 1 基分支塔(G4 塔)与老线路搭接。改造后线路分别在二河东堤桩号 K26+500、K26+798 断面处跨越二河东堤;新建于二河东堤临水侧滩地内的 2 基转角塔,G2 塔位于二河东堤断面 K26+580,G3 塔位于二河东堤断面 K26+764。项目现场情况详见图 9.2-1。

3. 建设目的

将 220 kV 御宝线 16♯—15♯塔段进行移位并改造,以避开淮阴二站管理区域,避免影响淮阴二站的工程管理及后期规划建设。

(a) 二河东堤背水侧农田(G1 塔拟建处)

(b) 二河滩地(G2 塔拟建处)

(c) 二河滩地(G3 塔拟建处)

(d) 二河东堤背水侧农田(G4 塔拟建处)

(e) 二河东堤(G3—G4 段线路跨越处)

(f) 二河公路桥(G1—G2 段线路跨越处)

图 9.2-1　项目区现场情况

9.2.2　工程建设规模和设计防洪标准

1. 工程建设规模

工程对 220 kV 御宝线 16♯—15♯ 塔段进行改造,该段线路现状为 220 kV 御宝和 110 kV 杨洪(新邓、新朱)线路同塔混压四回架设,改造后仍为同塔混压四回架设。线路路径长度约为 0.7 km。

220 kV 线路导线采用 2×JL/G1A-400/35 钢芯铝绞线,110 kV 线路导线采用 2×JL/G1A-300/25 钢芯铝绞线,地线采用双根 36 芯 OPGW-145、一根 JLB40-150 型铝包钢绞线,均与原线路一致。

2. 工程防洪标准

根据国家《防洪标准》(GB 50201—94)中关于高压和超高压输配电设施的等级和防洪标准,电压为 500～110 kV 的设施,防洪标准为 100 年一遇。因此,本工程的防洪标准为 100 年一遇。

9.2.3 有关电力法规及规范要求

1. 线路保护区

依据《中华人民共和国电力法》及《电力设施保护条例》,线路走廊保护区为线路边线向外 10 m。

2. 线路交跨距离

依据《110 kV～750 kV 架空输电线路设计规范》第十三章"对地距离及交叉跨越"要求,本工程电压等级为 220 kV,对应的交跨距离要求如下:

1) 导线对地面的最小距离为:居民区 7.5 m,非居民区 6.5 m,交通困难地区 5.5 m。

2) 导线与建筑物之间的最小垂直距离为 6.0 m,最小净空距离为 5.0 m。

3) 输电线路经过经济作物和集中林区时,导线与树木(考虑自然生长高度)的最小垂直距离为 4.5 m;在最大计算风偏情况下,输电线路通过公园、绿化区或防护林带,导线与树木之间的最小净空距离为 4.0 m;导线与果树、经济作物、城市绿化灌木以及街道行道树之间的最小垂直距离为 3.5 m。

4) 输电线路与河流交叉或接近的最小垂直距离

通航河流:至 5 年一遇洪水位为 7.0 m;至最高航行水位的最高船桅顶为 3.0 m;不通航河流:至百年一遇洪水位为 4.0 m;冬季至冰面为 6.5 m。

3. 基础保护范围

范围为基础边缘向外 5 m 的正方形区域内。

9.2.4 线路设计方案

1. 跨河部分塔位布置和铁塔型式

220 kV 御宝线改造工程共新建 4 基转角塔,其中 G2 塔、G3 塔建设在二河河道滩地上,G1 塔、G4 塔建设在二河东堤背水侧地面。本工程铁塔采用 2/2A 模块的耐张塔(220 kV 同压四回路、2×LGJ-400/35、JLB-150、$V=27$、$b=5$、直线/耐张、平地、$H \leqslant 1000$),具体设计参数见表 9.2-1,平面布置见图 9.2-2。

表 9.2-1　220 kV 御宝线改造工程跨二河部分铁塔设计参数

塔位编号	铁塔中心 54 坐标 x	铁塔中心 54 坐标 y	塔型	水平档距 (m)	垂直档距 (m)	转角范围 (°)	呼高 (m)	根开 (mm)
G1	402 513.146 0	3 714 691.999 8	2/2A-SJ2	400	500	20～40	33	13 660
G2	402 256.423 3	3 714 808.741 2	2/2A-SJ2	400	500	20～40	27	13 660
G3	402 160.880 7	3 714 968.297 2	2/2A-SJ3	400	550	60～90	27	14 850
G4	402 233.492 0	3 715 115.752 8	2/2A-SJ3	400	550	40～60	27	14 850

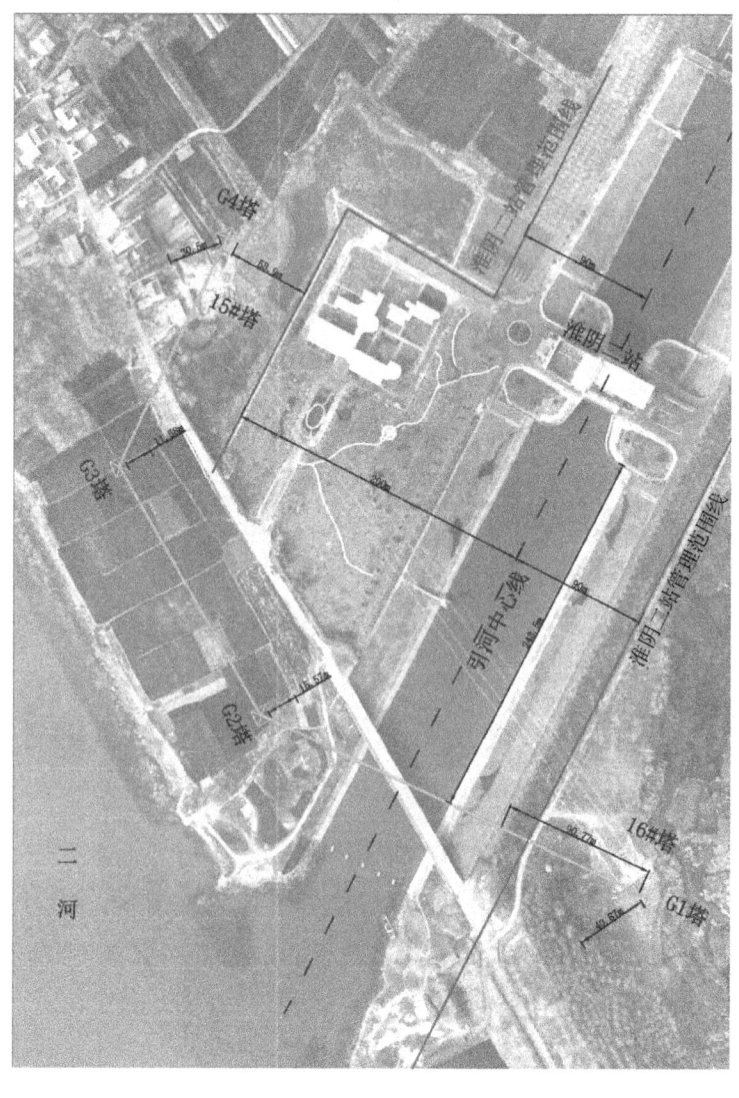

图 9.2-2　220 kV 御宝线跨二河段改造工程平面布置

220 kV御宝线改造工程G2塔、G3塔分别对应二河断面桩号K26+580、K26+764。K26+580断面二河河口宽564 m,东堤、西堤堤顶高程分别为17.85 m、18.25 m;K26+764断面二河河口宽574 m,东堤、西堤堤顶高程分别为17.85 m、18.90 m。G2铁塔中心所在二河滩地高程为12.12 m,滩宽88.1 m;G3铁塔中心所在二河滩地高程为11.94 m,滩宽84.0 m。G2塔铁塔中心距离二河东堤临水侧堤脚线约24 m,基础边缘与堤脚距离15.57 m;G3塔铁塔中心距离二河东堤临水侧堤脚线约21 m,基础边缘与堤脚距离11.58 m。

G1塔位于二河东堤及淮阴二站上游引河南堤的背水侧堤脚外,铁塔中心与二河东堤背水坡堤脚距离为52.3 m,基础边缘与堤脚距离为40.87 m;铁塔中心与引河南堤背水坡堤脚距离为102.4 m,基础边缘与堤脚距离为90.77 m。G4塔位于二河东堤及淮阴二站上游引河北堤的背水侧堤脚外,铁塔中心与二河东堤背水坡堤脚距离为39.1 m,基础边缘与堤脚距离为30.5 m;铁塔中心与引河北堤背水坡堤脚距离为191.7 m,基础边缘与堤脚距离为179.08 m。

根据《淮阴第二抽水站工程管理办法》,淮阴二站工程安全警戒区为:以厂房横轴线算起,上游引河470 m,下游引河500 m。工程管理范围为:淮阴二站下游引河长1.9 km,下游管理范围为沿下游引河中心线两侧各90 m。上游引河长470 m,上游右侧管理范围为沿上游河中心线90 m,左侧为200 m。对照此办法,本工程G1至G4塔均位于淮阴二站管理范围外。

另根据《淮安市水利工程管理实施办法》(淮政发〔1997〕309号),淮沭河(包括二河)的管理范围为:背水坡有顺堤河的,以顺堤河为界(含水面),无顺堤河的,堤脚外50 m。对照此办法,本工程G1至G4塔均位于二河管理范围内。

2. 铁塔基础

拟建线路新建转角铁塔4基,结合本工程地基及杆塔基础的工程特性,对于位于河堤外无须考虑冲刷的G1、G4塔位基础采用直柱板式基础,对于需要考虑河水冲刷的G2、G3塔位基础采用钻孔灌注桩基础。为尽量减小洪水期塔基对水流的阻水影响,G2、G3塔采用高桩承台基础,承台底面设计高程为14.62 m,即比百年一遇设计洪水位14.12 m高0.5 m。直柱板式基础采用C20级混凝土,灌注桩基础采用C25级混凝土;基础主筋为HRB335级钢筋,其余为 HPB300 级钢筋;地脚螺栓采用 35♯钢地脚螺栓;基础与铁塔采用地脚螺栓与铁塔连接。各型基础设计参数见表 9.2-2。

表 9.2-2　220 kV 御宝线跨二河段改造工程铁塔基础设计参数

塔位编号	塔型	基础类型	基础型号	基础数量(只)	埋深(m)	底板尺寸(m×m)	桩直径(m)×根数	桩长(m)
G1	2/2A-SJ2	直柱基础	BJ1B	2	3.2	9.6×9.6		
			BJ1Y	2	2.7	9.2×9.2		
G2	2/2A-SJ2	承台桩基础	CT1B	2		4.0×4.0	0.8×4	28
			CT1Y	2		6.4×6.4	0.8×6	27
G3	2/2A-SJ3	承台桩基础	CT2B	2		4.0×4.0	1.0×4	28
			CT2Y	2		8.0×5.0	1.0×6	28
G4	2/2A-SJ3	直柱基础	BJ2	4	3.4	10.4×10.4		

3. 线路垂度

二河东堤堤顶、二河公路桥面高程均为 17.85 m,拟建线路 G1—G2 段跨二河公路桥最低点距桥面 11.13 m,G3—G4 段线路跨二河东堤最低点距堤顶 16.25 m。本项目导线最低点与建筑物之间的净空高度满足规范要求。

二河东侧滩地高程为 11.8～12.6 m,G2—G3 段线路最低点高程为 33.19 m,距滩地最小距离为 20.49 m,距二河设计洪水位 14.12 m(废黄河高程 14.31 m)距离为 19.07 m,距二河校核洪水位 15.21 m(废黄河高程 15.4 m)距离为 17.98 m。本项目导线最低点与洪水位之间的净空高度满足规范要求。

根据《江苏省架空电力、电信线跨河净高尺度》(苏交航〔1996〕23 号),气温 40℃时裸导线弧垂最低点设计最高通航水位的最小垂直距离,不得小于最大船舶空载高度与安全富裕高度之和。二河为Ⅵ级航道,Ⅵ级航道最大船舶空载高度为 9.0 m,220 kV 电力线路的安全富裕高度为 3.0 m。二河最高通航水位为 14.10 m,本项目导线最低点与最高通航水位之间的净空高度为 19.09 m,满足规范对净空高度 12.0 m 的要求。

本项目线路 G1—G2、G3—G4 段附近栽种有少量杨树等高大树种,线路弧垂最低点与树木之间的净空高度可能不满足规范要求。应根据电力部门的管理要求,将线路经过处 100 m 范围的高大树木全部砍伐,补种柳树等低矮树种。

220 kV 御宝线跨二河段线路改造工程各段线路弧垂最低点与建筑物距离见图 9.2-3。

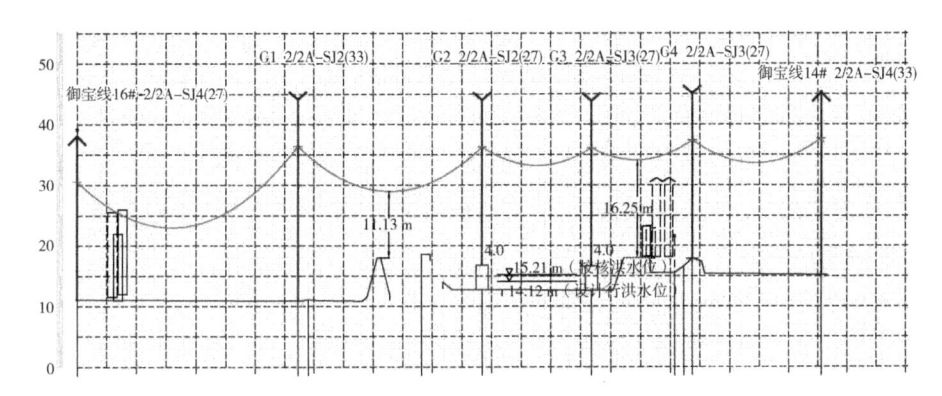

图 9.2-3　线路弧垂最低点与建筑物距离

9.2.5　工程施工方案

由于电力线路铁塔施工分散,钻机等机械由陆路运输,材料分批次调拨进场,通讯以移动电话为主,施工电力采用柴油发电机,施工用水就近取用二河水,生活区安排在就近村镇。

本项目 G2 塔、G3 塔采用钢筋混凝土灌注桩,G1、G4 塔采用直柱板式基础。钢筋混凝土灌注桩在河内滩地直接定位钻孔,因当地黏土制作出来的泥浆能够满足要求,可以直接利用黏土在孔内造浆,必要时可以加入木屑或水泥以改善泥浆性能。在铁塔旁滩地上设置泥浆储浆池、沉淀池、排浆沟,保证其循环净化,不向河道排放,不污染河道和施工场地。

施工进度根据项目审批情况进行安排,二河河道内的 G2 塔、G3 塔桩基础安排在非汛期施工。

1. 施工场地布置

本着"布置合理、方便施工、安全可靠、少占耕地、不影响防洪安全"的原则,对施工现场进行规划布置。G2、G3 铁塔采用钢筋混凝土灌注桩单桩基础,在铁塔旁滩地中间设泥浆池、沉淀池,沉淀池循环使用,排浆沟根据塔位和沉淀池位置临时开挖,泥浆池、沉淀池总尺寸约为 15 m×15 m。在铁塔一侧设钢筋加工区、模板加工区、混凝土站、临时材料堆场、柴油发电机、临时管理区等。施工用水采用小型潜水泵由二河抽取,由水带送到施工场地。

2. 施工准备

做好前期施工准备工作,是保证工程按期开工与施工期间能有条不紊、有节奏地组织施工的必要条件之一,必须认真对待。G2塔、G3塔桩基础施工安排在非汛期进行,根据施工期合理安排开工日期。施工前做好施工方案,实地检查其合理性与可行性,并报当地水利部门批准。根据施工平面布置和进出场道路等测量放样,与当地水利部门及影响范围内村组村民达成补偿协议,补偿到位。二河河道滩地在非汛期种植玉米、黄豆等作物,平整压实后作为临时进场道路。

3. 场地平整与沉淀池、泥浆池开挖

在施工方案取得当地水利部门批准并补偿到位后,铲出施工临时道路及施工区等影响区域表层耕作土集中堆放。每基基础施工在其附近设2个泥浆沉淀池,每个沉淀池按可供2根桩泥浆沉淀容积计算,当一个沉淀池储满后,改用另外一个沉淀池,一定时间后将原沉淀池内沉淀土由专用车辆运出腾空,循环使用。每个沉淀池尺寸约为4 m×13 m,深1.2 m,周围加0.5 m高的围堰,挖出土方用于场地及临时道路平整压实。泥浆池尺寸约为4 m×12 m,深1.2 m,周围加0.5 m高的围堰,根据当地土质情况和钻孔要求配比泥浆,初期用水由二河抽取,开钻后使用沉淀池的浆水,循环使用,浆水不外排。泥浆由泥浆泵抽取送入钻机,钻孔泥浆根据孔位现挖排浆沟排入沉淀池。

4. 设备进场

根据施工顺序进行钻孔灌注桩施工,钻机、柴油发电机等机械由现有省道运输进场,材料分批次调拨进场,搭设管理用帐篷,设临时厕所和挖化粪池等,生活区安排在就近城镇。

5. 钻孔灌注桩施工

钻孔灌注桩施工工艺流程见图9.2-4。

6. 板式基础施工

板式基础基坑开挖应在复测结束,分坑完毕,杆塔桩位正确,按施工图核对塔型及基础型式,检查塔位桩、控制桩完好,确认分坑放样尺寸无误后方可开挖。以挖掘机大开挖方式为主,以人工修坑为辅,对地下水位较高、土质为砂土、难以用普通开挖方式开挖的基础,为顺利开挖和防止施工中坑壁坍塌,

9 输电线塔的防洪影响评价

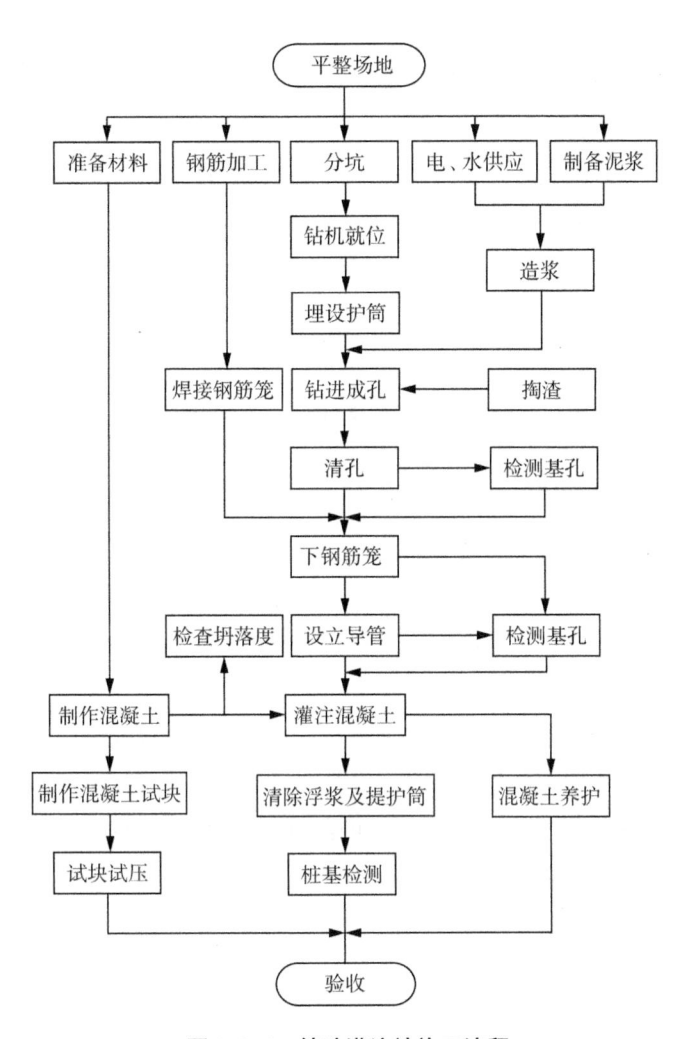

图 9.2-4 钻孔灌注桩施工流程

必须采用大开挖的方式,或用挡土板及井点降水等有效方式进行施工。开挖的坑底应平整,同基基础在允许偏差范围内应按最深一坑操平。超深时,超深部分一律按铺石灌浆方式进行处理。基坑底部垫层应铺设平整,浇制前必须再次复核基础根开,确认地脚螺栓规格、间距、顶面标高等正确无误后再开始浇筑。所有基础顶面应做到一次成型,不允许两次抹面。

7. 铁塔基础保护

在上部工程完工后,为了防止冲刷,在铁塔基础 20 m 范围内(按防治及补救措施要求)采用浆砌石平河滩护砌,底部采用 10 cm 沙石垫层,30 cm 浆砌块石,周围加砼齿坎,深 0.7 m,宽 0.5 m。

8. 离场与场地清理

工程完工后,清理场地。运出一切垃圾杂物,填平沉淀池与泥浆池,预留回填耕作土的深度,拆除临时厕所,运出污物,铲除施工场地表层沙石及硬化土运出,回填耕作土。工程全部完工后报水利部门验收,并与当地村组村民交接。

9. 度汛应急方案

该工程施工完毕后滩地迅速恢复原状,不影响行洪。但为保证施工安全、行洪安全,也考虑了度汛应急方案,包括桃汛期的应急方案。具体度汛方案如下:

①成立防汛小组,责任落实到人;

②组织全体人员学习防汛知识,提高防汛意识;

③做好防汛预案,具体落实人员、机具撤离和堤防抢险措施;

④备好防汛器材、物资,非防汛抢险不得擅动;

⑤及时向水利部门了解汛情,服从防汛指挥;一旦要行洪,临时建筑物、施工设备等将阻碍河道行洪的立即撤离;

⑥施工以防汛安全为前提,确保堤防和水利建筑物的修复完好,也防止洪水对工程施工产生影响。

9.3 河道基本情况

9.3.1 河道概况

二河是分淮入沂的首段,分淮入沂工程是淮河下游防洪体系的一个重要组成部分,是洪泽湖洪水出路之一,亦是淮河与沂沭泗流域相互调度、综合利用的一项多功能工程。二河自洪泽湖边的二河闸起,沿线经淮安市的清浦、淮阴二区和宿迁市的泗阳、沭阳二县,至沭阳西关与新沂河交汇,全长 97.5 km。分淮入沂工程设计行洪能力为 3 000 m^3/s,沿线水位为二河闸下 15.06 m,淮阴闸下 14.23 m,沭阳闸下 11.86 m,与新沂河交汇口 11.75 m(新沂河沭阳以东行洪流量 6 000 m^3/s 时)。

二河自二河闸至淮阴闸长 31.5 km,为单泓河道,泓道底宽自上游至下游逐渐减小。20+000(大断面桩号)以上段泓道底宽约 1 000 m 左右,无滩地;20+000 以下段泓道底宽约 200 m 左右,泓道左右两侧均有 40~120 m 宽的滩地。二河段东西堤间距 550~1 500 m,河床比降约 1/10 000。

9.3.2 河道边界条件

220 kV 御宝线改造工程位于淮阴二站上游引河与二河交汇河口处,G2 塔、G3 塔分别对应二河东堤桩号 K26+580、K26+764,底宽约 330 m,河底高程约 5.4 m。

9.3.3 地质情况

220 kV 御宝线改造工程与淮阴二站二河公路桥位置接近,因此工程地质情况可参照二河公路桥地质勘察报告。场地钻探深度范围内所揭示土层,自上而下依次如下:

A:灰黄、灰褐色粉质黏土,杂中粉质壤土、砂壤土,局部含植物根须。系人工填土,局部为耕作土。层厚一般为 0.80~2.60 m,局部厚达 5.90~12.10 m。

B:灰黄色重、轻粉质砂壤土、轻粉质壤土,含植物根须,局部杂棕黄、黄灰色粉质黏土。系人工填土或耕作土。层厚一般为 0.50~1.70 m,局部厚达 4.50~7.15 m。

1_1:灰黄、局部灰色重粉质砂壤土、轻粉质壤土。层厚 0.90~3.10 m。

1_2:灰、青灰色、局部灰黄色重粉质软壤土、粉质软黏土、软黏土,偶杂软壤土。层厚 2.05~9.65 m。

$1'_2$:灰色轻、重粉质砂壤土,中部夹粉质软黏土,局部含较多腐殖质。层厚 4.90 m。

1_3:灰色重、轻砂壤土,局部顶部灰色轻粉质壤土,偶夹粉质软黏土薄层。层厚 0.90~5.80 m。

2_1:灰绿、青灰、局部灰黄色粉质黏土,含铁锰质结核。层厚 0.55~3.00 m。

2_2:灰黄、棕黄杂灰白色粉质黏土,含铁锰质结核。层厚 0.90~4.00 m。

3:灰黄、局部黄灰色重、轻粉质砂壤土,局部轻粉质壤土。层厚 0.50~

3.90 m。

3′：褐黄、棕红色杂灰白色粉质黏土、重粉质壤土，局部夹轻粉质壤土、砂壤土薄层。层厚 0.50～2.50 m。

4：棕黄、棕红杂灰白色粉质黏土，含有较多铁锰质结核及砂礓。硬塑至坚硬状态，现有钻孔勘探深度未揭穿，已揭露厚度＞20.75 m。

各主要土层物理力学指标见表 9.3-1。

表 9.3-1　各主要土层物理力学指标

土层号	土层描述	标准贯入击数 N(击)	天然含水率 $W(\%)$	天然湿密度 $\rho(g/cm^3)$	天然孔隙比 e	液性指数 I_L	直剪快剪 C(kPa)	直剪快剪 $\varphi(°)$	允许承载力 $[R]$(kPa)
A	粉质黏土	7	25.5	1.97	0.75	0.39	34	12	
B	重粉质砂壤土	13	26.7	1.97	0.74	0.95	13	25	
2_2	粉质黏土	17	20.9	2.09	0.59	0.01	65	15	
3	重粉质砂壤土	22	29.3	1.95	0.79	1.02	19	22	
3′	粉质黏土		26.9	1.97	0.77	0.60	18	20	
4	粉质黏土	27	26.4	2.01	0.72	0.01	76	20	400

根据《中国地震动参数区划图》(GB 18306—2001)，项目场地区的地震基本烈度为Ⅶ度。钻孔测得混合地下水位 9.83 m(废黄河高程基准)。

9.3.4　现有防洪标准、设计流量

根据江苏省近期防洪规划，洪泽湖周边地区初步形成了以圩堤为主的区域内部防洪工程体系，以圩内水系、抽排站、圩口闸为主的排涝工程体系，现状防洪标准十年一遇左右，除涝三到五年一遇。

分淮入沂工程设计流量 3 000 m³/s，强迫行洪 4 000 m³/s，淮河下游近期防洪 100 年一遇，远期入海水道二期开挖后，防洪 300 年一遇。

9.4　现有水利工程及其他设施情况

1. 二河东堤

二河东堤南起二河闸，北至淮阴闸，全长 31.69 km。二河东堤堤顶高程 18～20 m，二河闸至武墩堤顶宽 7～8 m，武墩至淮阴闸堤顶宽 30～100 m。

沿堤有穿堤进水涵洞3座,电排站1座,经过分淮入沂续建1991年和1994年两期工程以及2003年除险加固,目前工程情况良好。其中,和平越闸至武墩三闸14 km长的堤段迎水坡均已进行了块石护坡加固,并同时完成了20 km长的灌浆加固(其中复灌6 km),沿堤3座涵闸和1座电排站都已更换了闸门,进出水土建部分也进行了维修。拟建220 kV御宝线改造工程跨越二河东堤。

2. 洪泽湖大堤

洪泽湖大堤位于洪泽湖东岸,北起淮阴区码头镇,南至盱眙县张庄高地,总长70.63 km,其中与二河西堤共堤长约22 km。整个大堤分三段:北段为码头镇至高良涧,堤顶高程18~19.3 m,堤顶宽4~8 m;中段为高良涧至蒋坝镇,堤顶高程19~19.5 m,堤顶宽7~10 m;南段为蒋坝至张大庄,堤顶高程17.4~19 m,堤顶宽5~7 m。大堤沿线建有三河闸、高良涧进水闸、二河闸等大中型水工建筑物,组成洪泽湖防洪控制工程。距拟建220 kV御宝线改造工程约450 m。

3. 二河闸

二河闸是分淮入沂的起点,1958年8月建成,计35孔,总宽401.82 m,闸底板高程为8.0 m,闸顶高程为19.5 m(均为废黄河高程基准)。二河闸工程使淮河下游的防洪标准由50年一遇提高到300年一遇,校核标准可达千年一遇,即由本闸分泄淮河洪水3 000~4 000 m^3/s,并为万年一遇洪水作了出路安排,最大流量可达9 000 m^3/s,经渠北分洪5 000 m^3/s,淮沭河分4 000 m^3/s经新沂河入海;沂、沭、泗丰水年份,可将沂沭泗水经中运河调入洪泽湖,设计流量300 m^3/s,校核流量1 000 m^3/s。距拟建220 kV御宝线改造工程约26.58 km。

4. 淮河入海水道工程

淮河入海水道工程是扩大洪泽湖洪水出路、保证洪泽湖大堤安全的一项战略性骨干工程。入海水道近期工程二河新泄洪闸位于二河东堤,近期设计10孔,总净宽100 m,设计泄洪流量2 270 m^3/s,校核流量2 890 m^3/s,规划二期泄洪7 000 m^3/s。距拟建220 kV御宝线改造工程约18 km。

5. 淮阴闸

淮阴闸为二河穿过中运河向北进入淮沭河的控制建筑物,1958年兴建,1959年10月建成,共30孔,每孔净宽10 m,总宽345.4 m,底板高程6.0 m,

闸顶高程17.0 m,设计流量3 000 m³/s,校核4 000 m³/s。距拟建220 kV御宝线改造工程约4.3 km。

6. 淮阴第二抽水站

淮阴二站是江苏省江水北调第三级抽水站,具有灌溉、调水、发电的作用,并承担向洪泽湖和淮北地区补水的任务。该站于2000年12月27日开工,2002年12月竣工,设计抽水能力100 m³/s。距拟建220 kV御宝线改造工程约300 m。

9.5 水利规划及实施安排

9.5.1 水利规划

1. 淮河流域防洪规划

洪泽湖周边滞洪区是淮河流域防洪体系的重要组成部分,并占有十分重要的地位。《淮河流域防洪规划简要报告》(2004年9月)淮河水系蓄滞洪区现状基本情况中指出,"淮河水系现有蓄滞洪区10处,总设计蓄滞洪面积3 859.8 km²,设计蓄滞洪量108.08亿m³,而洪泽湖周边滞洪区,设计滞洪面积1 593 km²,设计滞洪量为33.9亿m³",均占淮河水系蓄滞洪区的三分之一以上,滞洪效果显著。在淮河下游出路严重不足的情况下,其作为近期防洪设计标准之内的滞洪区,可保护洪泽湖大堤及下游1 700多万人口,2 000多万亩耕地以及扬州、泰州、盐城等重要城市,因此洪泽湖周边滞洪区能否有效滞洪对淮河流域防洪方案实施的成败具有决定性作用。

2. 南水北调东线工程规划

南水北调东线工程的任务是从长江下游调水,向黄淮海平原东部和山东半岛补充水源,沿线充分利用洪泽湖、骆马湖、南四湖等湖泊进行调蓄。本着先通后畅、逐步扩大规模的原则,分三期实施:

第一期工程首先调水到山东半岛和鲁北地区,规划抽江规模500 m³/s,入洪泽湖450 m³/s,出洪泽湖350 m³/s。

第二期工程增加向河北、天津供水,规划抽江600 m³/s,入洪泽湖550 m³/s,出洪泽湖450 m³/s。

第三期工程继续扩大调水规模,抽江扩大至800 m³/s,入洪泽湖700 m³/s,

出洪泽湖 625 m³/s。

东线工程洪泽湖送水通道包括洪泽站—二河送水通道、徐洪河送水通道和成子河送水通道。220 kV 御宝线改造工程跨越的二河为东线工程骨干送水通道。

3. 江苏省洪泽湖保护规划

根据《江苏省湖泊保护条例》，洪泽湖保护范围为设计洪水位 16.0 m 以下的区域，包括湖泊水体、湖盆、湖洲、湖心岛屿，湖水出入口，湖堤及其护堤地，以及湖水出入的涵闸、泵站等工程设施。

在洪泽湖保护范围内，建设跨湖、穿湖、穿堤、临湖的桥梁、码头、道路、渡口、管道、缆线、取水、排水等工程设施以及其他非防洪建设项目，按照《中华人民共和国防洪法》《中华人民共和国河道管理条例》《江苏省河道管理范围内建设项目管理规定》的程序履行审批手续，进行洪水影响评价，报省水行政主管部门审批。

洪泽湖蓄水保护范围外边界依据规划蓄水位 13.5 m 与洪泽湖周边滞洪区迎湖挡洪堤堤圈共同确定，挡洪堤堤圈基本沿高程 12.5 m 左右填筑。

4. 分淮入沂整治工程可行性研究报告

根据《分淮入沂整治工程可行性研究报告》安排，二河段主要为护坡新建及整理接长，主要安排原则为：

（1）对现状砂土段无护坡的堤段新建护坡；

（2）对护坡上限达不到设计值的现状护坡予以接高。对护坡上限高程距设计顶高差值较小的一般不予接高，本次工程仅对现状护坡上限距设计顶高差值大于 1 m 的护坡段进行接高。

具体工程内容为：二河东西堤堤身堆土为重粉质砂壤土杂粉质黏土，需对无护坡段 13.0 km 进行防护，对东西堤现状护坡上限距设计顶高的差值大于 1 m 的 1.1 km 堤段予以接高。

确定需接高的护坡，其现状均为干砌块石护坡，接高部分仍采用干砌块石方案，块石护坡厚度 30 cm，下铺碎石垫层 10 cm 及 250g/m² 土工布。

5. 南水北调东线工程洪泽湖抬高蓄水位影响处理工程可行性研究报告

根据南水北调东线第一期工程规划，拟将洪泽湖蓄水位由 13.0 m 抬高至 13.5 m，但随着蓄水位的抬高，洪泽湖周边地区必然会面临滨湖堤防出险几率增加、排涝困难、涝渍灾害加剧等问题。

根据洪泽湖抬高蓄水位的影响范围，结合实际情况，按照轻重缓急及投资控制安排，进行沿湖堤防加固、圩区治理、通湖河道入湖口控制建筑物等工程建设，减轻或消除洪泽湖抬高蓄水位对周边地区的不利影响，确保南水北调东线第一期工程的顺利实施。影响处理工程共建浆砌块石护坡 45.64 km；排涝泵站新建 19 座，拆建 69 座，改造 62 座；通湖河道口门控制建筑物新建 3 座，拆建 3 座。

9.5.2　规划实施情况

洪泽湖周边滞洪区安全建设起步较晚，安全建设仅在 2003 年大水以后，兴建了沿湖低洼地的临淮等 6 处保庄圩工程，安置低洼地区受灾群众 33 万人，其余安全建设工程基本无起步。工程也未系统建设，2003 年灾后重建和 2007 年灾后重建均实施了部分迎湖挡洪堤加固工程和圩区排涝泵站工程，农田水利部门也建设了部分圩区排涝泵站工程，但离规划要求的建设目标尚有很大差距。

根据南水北调东线工程修订规划，二河不涉及河道扩挖和退堤等措施。洪泽湖大堤除险加固工程可行性研究报告已经通过审查，目前正在实施。

9.5.3　规划实施引起防洪形势及标准变化情况

根据南水北调东线工程修订规划，二河作为送水河道，现有河道断面满足送水 200 m³/s 的要求，不需要进行河道扩挖，区域防洪排涝形势不会发生改变。根据洪泽湖大堤除险加固工程可行性研究报告，对二河西堤进一步加固处理，河道断面没有发生变化，不会引起防洪形势及标准的变化。

9.6　河道演变

9.6.1　河道历史演变

二河工程于 1958 年 4 月正式开工，至 1959 年 1 月底竣工，土方工程由扬州、盐城、南通三个专区负责施工，动员民工 11.18 万人，完成计划土方数 3 383.22 万 m³，总投资 2 738 万元。二河西堤中除北段 10.5 km 是 1958 年同期施工外，有 21 km 是洪泽湖大堤。东堤也是 1958 年同期所筑，五墩以南因地势较低均以堤方控制挖河,五墩以北以挖方控制,所以堤身断面高大。河道及堤防情况详见表 9.6-1、表 9.6-2。

表 9.6-1　二河段河道情况

地点	河长(km)	河底高(m)	底宽(m)	堤距(m)
二河闸—五墩	20	8.2～6.8	400～1 000	900～1 500
五墩—淮阴闸	11.5	6.8～6	230～360	900～520

表 9.6-2　二河段堤防情况

堤别	地点	长度(km)	顶高(m)	顶宽(m)
西堤	二河闸—头堡	21	18.5	50
西堤	头堡—淮阴闸	10.5	19.35	21～85
东堤	二河闸—五墩三闸	18.7	17.9～18.4	7～8
东堤	五墩三闸—淮阴闸	12.8	18.3～19.6	30～100

至 1970 年止,除二河闸水下方及沿线块石护坡工程未完成和二河段局部存在淤浅处,干河及控制建筑物均已建成,完成土方 3 428 万 m^3,石方 11.9 万 m^3,混凝土 4.36 万 m^3,投资 4 012.5 万元。

二河东堤是 1958 年冬季施工,冻土上堤碾压不实,未经大洪水考验,越闸向北 15.3 km 堤后大面积窨水,1977 年大旱,堤身多处发现纵向裂缝,深不见底的有 7 处,还有堤身陷塘多处,虽经多次灌浆充填,隐患未除。1980 年汛期做后戗台,工程共 4 段,总长 14.5 km,完成土方 37 万 m^3,标准是顶高 11.5 m,宽 12 m,边坡比 1∶3,工程完工后又经过灌浆,虽堤身稳定,但堤后窨水仍然存在。1991 年江淮发生大水后,在没有开挖入海水道的情况下,实施步骤上做了较大调整,先开挖淮洪新河,洪泽湖的洪水压力明显加重,上下游极不适应;分淮入沂第二次续建,二河东堤渗水处理工程采取灌浆和贴坡反滤,上堵下排的工程措施,灌浆工程 13.5 km,重点地段复灌一次,计 6.7 km,灌浆总长 20.2 km,贴坡反滤总长 2.52 km。二河西堤侯儿门险工段长 800 m,一般年份腹背受敌,属历史险工,将其列入洪泽湖大堤加固工程中实施。二河西堤头堡至张福河船闸 5.15 km,堤顶宽 8 m,顶高 19 m,十分单薄,于 1979 年 6 月加做了三级后戗,戗顶高程分别为 12 m、14 m、16 m,边坡比 1∶3,完成土方 47 万 m^3。

二河闸下至淮阴段,水下方主要由于 1958 年施工时河底就留有不少高地、坝埂，累计土方量 23.68 万 m³。1959 年至 1974 年间，废黄河大量泥沙下泄张福河口段，长达 6 km，淤高至 8.5～10.33 m 不等。经 1970 年至 1975 年的不懈努力，已完成 245 万 m³。二河闸上下游水下方工程，自 1970 年 12 月至 1979 年 9 月已完成 540 万 m³。

9.6.2 河道近期演变分析

二河段自 1959 年竣工后即开始发挥效益，但由于河面宽，风浪大，东西堤坡处被风浪淘刷相当严重，因堤坡坍塌，有的堤段已陡立，原 1∶3 坡，在 15 m 高程以下已陡立成 1∶0.5 坡，为了行洪安全，必须护砌。东西堤在 1960 至 1976 年间累计完成块石护坡 42.3 km（东堤 19.4 km，西堤 21.9 km，淮阴闸上 1 km），由于工程质量差，加上多年的运用，护坡损坏相当严重。

二河东堤原有护坡是 20 世纪 60 年代相继完成的，全长 19.4 km，高程护至 14.5 m，因无齿坎，下部坍塌严重，护坡松动，已不能防御风浪冲击。自 1975 年以来，陆续进行了翻砌接高。1991 年分淮入沂续建，将东堤尚未翻砌的全部工程按设计标准完成，总长 11.26 km。二河西堤于 1972 年后陆续护砌，总长 21.9 km，1992 年及 1993 年年度工程按设计标准进行修复。

9.6.3 河道演变趋势分析

二河是人工平原河道，自建成后河道平面位置没有变化，河道边界条件相对稳定。该河道未来作为南水北调输水干线河道，仍将保持较稳定状态，在引水和行洪期会有局部冲淤情况发生，但河道断面等平面形态和边界条件将维持稳定。

9.7 防洪评价计算

根据《河道管理范围内建设项目防洪评价报告编制导则（试行）》要求，建设项目占用河道断面的应进行壅水计算；对河道的冲淤变化可能产生影响的建设项目，应进行冲刷和淤积分析计算；对河势稳定可能产生较大影响、所在河段有重要防洪任务或重要防洪工程的建设项目，需结合河道演变分析成果，对项目实施后河势及防洪可能产生的影响进行分析。

根据 220 kV 御宝线改造工程的设计方案，G2 塔、G3 塔布设在二河东侧滩地上,占用一定的河道过水断面,洪水期漫滩时存在局部阻水现象,需进行壅水计算,分析其对二河行洪的影响,同时分析行洪时该区域因建铁塔带来的局部冲刷问题;G1 塔、G4 塔的建设均不在河道之中,不存在阻水现象,故不作分析计算。

9.7.1 设计防洪流量和水位

220 kV 御宝线改造工程 G2、G3 塔与淮阴二站上游引河河口直线距离为 200 m 左右,相距较近,因此项目建设处设计流量、设计水位可参照淮阴二站上游引河水位取用。根据《淮阴二站初步设计报告》,当分淮入沂设计流量为 3 000 m^3/s 时,淮阴二站上游防洪设计水位 14.31 m(废黄河高程基准);分淮入沂流量为 4 000 m^3/s 时,淮阴二站上游防洪校核水位 15.40 m(废黄河高程基准)。220 kV 御宝线改造工程 G2、G3 塔计算水位及流量按上述数值取用。

9.7.2 壅水分析计算

1. 阻水面积计算

220 kV 御宝线改造工程在二河滩地内布设铁塔 2 基,考虑到工程设计时已采用高桩承台基础,高水行洪期间不会出现铁塔钢架浸泡水中、被水草等漂浮物挂满而阻水的情况,因此本次计算按铁塔桩基的实际阻水面来计算阻水要素。根据对工程所在区域二河河道实测的水下地形,计算出二河在各设计水位下相应的过水断面以及铁塔桩基阻水面积等要素,见表 9.7-1。

表 9.7-1 过水断面、塔基阻水要素(基面:1985 国家高程基准)

塔位编号	所在断面	设计流量(m^3/s)	设计水位(m)	水面宽(m)	过水断面(m^2)	塔基阻水面积(m^2)	塔基阻水面积与河道过水面积比值(%)
G2	K26+580	3 000	14.12	523.8	2 774.4	8.0	0.29
		4 000	15.21	534.4	3 351.1	23.7	0.71
G3	K26+764	3 000	14.12	523.9	2 911.7	10.9	0.37
		4 000	15.21	536.5	3 491.8	30.5	0.87

2. 塔前最大壅水高度和长度计算

铁塔前最大壅水高度计算公式参考《公路桥位勘测设计规范》(JTJ 062—1991)。依据《公路桥位勘测设计规范》(JTJ 062—91)计算壅水曲线长度。计算结果见表 9.7-2。

表 9.7-2　塔前最大壅水高度及壅水曲线长度

塔位编号	所在断面	设计流量 (m³/s)	塔基处水位 (m)	河滩塔基阻断面积 (m²)	河滩塔基阻断流量 (m³)	塔基阻断面积与河道过水面积比值 (%)	塔基阻断流量与设计流量比值 (%)	阻断系数 η	桥下平均流速 V_m (m/s)	断面平均流速 V_0 (m/s)	塔前最大壅水高度 $\triangle Z$ (mm)	壅水曲线长度 L (m)
G2	K26+580	3 000	14.12	8.0	1.07	0.29	0.04	0.05	1.084	1.081	0.32	6.35
		4 000	15.21	23.7	4.84	0.71	0.12	0.05	1.201	1.194	0.93	18.62
G3	K26+764	3 000	14.12	10.9	1.67	0.37	0.06	0.05	1.034	1.030	0.37	7.40
		4 000	15.21	30.5	6.77	0.87	0.17	0.05	1.155	1.146	1.05	20.99

9.7.3　冲刷计算

本工程河道内的 2 基铁塔均位于滩地上，从工程跨越处二河滩地多年运行情况来看，河床冲刷基本稳定。因此，本次冲刷计算只考虑漫滩行洪时由于建设塔基引起的一般冲刷和局部冲刷，据此计算河滩的总冲刷深度。塔址处最大冲刷深度按《公路工程水文勘测设计规范》(JTG C30—2002)中桥梁墩台的一般冲刷和局部冲刷计算公式计算。

冲刷计算成果见表 9.7-3，结果表明：G2、G3 塔墩在分淮入沂设计流量 3 000 m³/s 与 4 000 m³/s 的情况下，一般冲刷均为 0，可认为河滩不冲刷；G2 塔墩在分淮入沂设计流量 3 000 m³/s 与 4 000 m³/s 的情况下局部冲刷分别为 0.12 m、0.15 m；G3 塔墩在分淮入沂设计流量 3 000 m³/s 与 4 000 m³/s 的情况下局部冲刷分别为 0.14 m、0.18 m。

表 9.7-3　塔基处断面冲刷计算成果

塔位编号	所在断面	设计流量 (m³/s)	塔基处水位 (m)	河滩一般冲刷后最大水深 (m)	河滩一般冲刷深度 (m)	局部冲刷深度 (m)	总冲刷深度 (m)
G2	K26+580	3 000	14.12	1.21	0.00	0.12	0.12
		4 000	15.21	2.51	0.00	0.15	0.15
G3	K26+764	3 000	14.12	1.34	0.00	0.14	0.14
		4 000	15.21	2.64	0.00	0.18	0.18

注：总冲刷深度中不考虑自然冲刷。

9.7.4 堤防稳定计算

本工程新建 4 基塔中,G1、G4 塔位于二河东堤外,G1、G4 塔基础边缘与二河东堤背水侧堤脚距离分别为 40.87 m、30.5 m,距离较远,两塔施工不会对二河东堤造成明显影响,不需进行堤防稳定计算;G2、G3 塔位于二河东侧滩地,G2、G3 塔基础边缘与二河东堤临水侧堤脚距离分别为 15.57 m、11.58 m,距离较近,塔基施工可能对二河东堤造成影响,需对堤防稳定性进行计算。

由于 G2、G3 塔所在断面的二河东堤背水侧为淮阴二站管理用地,地形较高,地面高程一般在 16～16.5 m 左右,高于临水侧防洪设计水位及校核水位,因此该段堤防不存在洪水期背水侧堤坡出逸的渗流及渗透稳定问题;背水坡由于堤顶和堤后地面高差很小,也不存在滑动稳定的问题;需考虑复核计算的主要是临水侧堤坡的抗滑稳定性。根据工程现状,结合《堤防工程设计规范》(GB 50286—98)的要求,本次计算工况确定为:

(1) 设计洪水位下稳定渗流期的临水侧堤坡;

(2) 设计洪水位骤降期的临水侧堤坡;

(3) 多年平均水位遭遇地震时的临水侧堤坡。

根据工程位置和具体情况,对 G2、G3 塔所在的 K26+580 和 K26+764 分别进行计算。土坡稳定性的验算,采用《水工建筑物抗震设计规范》(SL 203—1997)、《堤防工程设计规范》(GB 50286—98)推荐的拟静力法。该法同时考虑渗流及两个地震惯性力的影响。计算水位为:防洪设计水位 14.12 m;防洪校核水位 15.21 m;多年平均水位 12.91 m;地下水位 9.64 m。根据《中国地震动参数区划图》(GB 18306—2001),场地地震动峰值加速度为 0.15 g,地震动反应谱特征周期为 0.35 s。

抗滑稳定计算结果见表 9.7-4,结果表明:自然状态下,工程所在堤防处于稳定状态,各工况下临水侧堤坡稳定系数均满足规范要求,因此自然状态下堤防安全满足要求。在工程施工期,由于是采用高桩承台基础,在滩地直接进行灌注桩施工,无须开挖基坑,施工对堤防稳定影响很小。铁塔工程建成后,铁塔产生的荷载由桩直接承担,传递至地基深层,不会对边坡稳定产生不利影响,并且桩基对岸滩稳定有利,运行期临水侧堤坡的抗滑稳定性要优于原状大堤,因此工程建成后堤防稳定满足规范要求。

表 9.7-4　堤防抗滑稳定计算成果

计算断面	计算工况	二河水位（m）	堤内水位（m）	计算结果	容许最小安全系数
K26+580	设计洪水	14.12	9.69	2.72	1.30
	设计洪水骤降	14.12/13.12	9.69	2.54	1.30
	校核洪水	15.21	9.69	2.71	1.30
	多年平均水位遇地震	12.91	9.69	2.07	1.20
K26+764	设计洪水	14.12	9.69	2.88	1.30
	设计洪水骤降	14.12/13.12	9.69	2.70	1.30
	校核洪水	15.21	9.69	2.86	1.30
	多年平均水位遇地震	12.91	9.69	2.15	1.20

9.8　防洪综合评价

9.8.1　建设项目与有关规划的关系及影响分析

根据《淮河流域防洪规划简要报告》、《江苏省防洪规划》以及《分淮入沂整治工程初步设计报告》，分淮入沂设计行洪流量为 3 000 m³/s，强迫行洪流量为 4 000 m³/s，本项目跨越处二河输水能力已满足江水北调向淮沭新河沿线灌区的要求。本工程送电线路布置、塔位布置、净空高度等方面与防洪规划没有矛盾，不影响防洪规划中分淮入沂工程实施的具体安排和江水北调输水要求。

送电线路工程塔位布置在大堤、泓道以外的滩地上，满足规范对送电线路设计净空高度要求。

9.8.2　建设项目与防洪标准、有关技术规定和管理要求的适应性分析

送电线路工程防洪标准取为 100 年一遇，符合《防洪标准》(GB 50201—94)有关规定，与洪泽湖下游近期防洪标准以及分淮入沂防洪标准一致。

工程所在二河东堤堤顶、二河公路桥面高程均为 17.85 m，拟建线路 G1—G2 段跨二河公路桥最低点距桥面 11.13 m，G3—G4 段线路跨二河东堤最低点距堤顶 16.25 m。

二河东侧滩地高程为 11.8～12.6 m,G2—G3 段线路最低点高程为 33.19 m,距滩地最小距离为 20.49 m,距二河设计洪水位 14.12 m(废黄河高程 14.31 m)距离为 19.07 m,距二河校核洪水位 15.21 m(废黄河高程 15.4 m)距离为 17.98 m。

二河为Ⅵ级航道,Ⅵ级航道最大船舶空载高度为 9.0 m,220 kV 电力线路的安全富裕高度为 3.0 m。二河最高通航水位为 14.10 m,本项目导线最低点与最高通航水位之间的净空高度为 19.09 m。

综上,本项目线路导线与堤顶道路、滩地和附近地面、设计洪水位、最高通航水位垂直距离符合相关技术规程的要求。

9.8.3 项目建设对河道泄洪的影响分析

拟建线路共有铁塔 4 基,G2、G3 塔位于河道滩地上,属二河河道管理范围内。经壅水计算,行洪时造成塔基最大水位壅高为 0.32～1.05 mm,壅水曲线长度为 6.35～20.99 m,对二河行洪影响很小。送电线路跨越二河处铁塔最大弧垂点高程距离强迫洪水位 17.98 m,对行洪无影响,也不影响二河向北正常送水和分淮入沂拉低洪泽湖水位。

建设单位必须在规定时间内完成全部工程项目,包括清理河道及滩地施工区一切临时性建筑物、施工器材,拆除围堰等,以达到河道原有防洪标准,尽量避免工程施工对泄洪造成影响。当二河处于汛期洪水位时,管理部门应及时检查并做好定期维护,确保铁塔安全。

9.8.4 项目建设对河势稳定的影响分析

二河是一人工河道,送电线路在二河滩地上建塔 2 座,漫滩行洪时将引起水流状态变化,不产生整个滩地冲刷。经计算,G2 塔墩在分淮入沂设计流量 3 000 m³/s 与 4 000 m³/s 的情况下总冲刷分别为 0.12 m、0.15 m;G3 塔墩在分淮入沂设计流量 3 000 m³/s 与 4 000 m³/s 的情况下总冲刷分别为 0.14 m、0.18 m。冲刷主要表现在塔位附近,对总体河势影响很小。

9.8.5 项目建设对堤防、护岸和其他水利工程及设施的影响分析

本项目拟建 G1、G4 塔布设在二河东堤外侧,基础边缘与堤脚距离较远,对堤防安全基本无影响;G2、G3 塔基础边缘与堤脚距离较近,所在断面的二

河东堤背水侧为淮阴二站管理用地,地形较高,地面高程一般在16.5 m左右,高于临水侧防洪设计水位及校核水位,不存在洪水期背水侧堤坡出逸的渗流及渗透稳定问题,抗滑稳定计算也表明,在自然状态下、施工期、建成运行期,堤防稳定均满足规范要求。

G1至G4塔均位于淮阴二站的管理范围外,不影响淮阴二站工程的运行管理及后期建设发展。

本项目拟建线路跨越的二河东堤为1级堤防,线路跨越处现状堤顶高程为17.85 m,拟建线路采用较大跨度跨越二河东堤,不影响现有二河堤防及护岸。拟建线路中,G1—G2段线路距淮阴二站厂房建筑物最近,直线距离约243.5 m,不影响淮阴二站运行管理及后期建设发展。

9.8.6　项目建设对防汛抢险的影响分析

本项目拟建线路共两次跨越二河东堤,G1—G2段跨二河公路桥最低点距桥面11.13 m,G3—G4段跨二河东堤最低点距堤顶16.25 m,线路架设高度大于规范要求,不会影响汛期的防汛抢险车辆、物资及人员的正常通行。

本项目主要在秋季汛期结束后施工,同时根据淮河下游洪水调度原则,洪泽湖下泄洪水优先利用苏北灌溉总渠、入江水道排泄,即使利用二河泄洪时,洪水漫滩机率也较低,因此施工期不会对防汛抢险产生影响。

9.8.7　建设项目防御洪涝的设防标准与措施是否适当

本项目拟建线路考虑二河设计行洪3 000 m^3/s,强迫行洪4 000 m^3/s的要求,因此项目设计防洪是适当的。本项目二河防洪堤内架设铁塔2座,二河高水行洪期间洪水引起的冲击、冲刷作用对铁塔安全有一定影响,设计时已考虑到洪水的影响作用,采用高桩承台基础,承台底面高于防洪设计水位0.5 m,既保证了铁塔的设防标准,又减少了漂浮物对铁塔安全的影响。

9.8.8　项目建设对第三人合法水事权益的影响分析

二河为Ⅵ级航道,最高通航水位为14.10 m,本项目线路与最高通航水位净距为19.09 m。根据《江苏省架空电力、电信线跨河净高尺度》(苏交航〔1996〕23号),Ⅵ级航道最大船舶空载高度为9.0 m,220 kV电力线路的安全富裕高度为3.0 m。因此,导线最低点与最高通航水位之间的净空高度

19.09 m,满足规范 12.0 m 的要求。

本项目线路过河处无其他建筑,二河东堤内、外均为农田,夏秋季以玉米、黄豆种植为主,铁塔施工前做好青苗赔偿,运行期本工程不会影响滩地农田耕作。线路 G1—G2、G3—G4 段附近栽种有少量杨树等高大树种,根据电力部门的管理要求,应将线路经过处 100 m 范围的高大树木全部砍伐,补种柳树等低矮树种,建设单位应与河道管理部门协商,就杨树砍伐和补种柳树等低矮树种的事项达成补偿意见。

送电线路跨二河附近没有取水口、排水口门以及码头等建筑物,项目建设不会影响第三人合法水事权益。

9.8.9 建设项目施工影响分析

拟建工程施工场地分别布置在二河滩地及二河东堤背水侧农田上,两处地点在非汛期种植玉米、黄豆等作物,平整压实后作为临时进场道路,对堤防安全、河道行洪影响较小。在施工方案取得当地水利部门批准并补偿到位后,铲出施工临时道路及施工区等影响区域表层耕作土集中堆放;工程完工后,铲除施工场地表层沙石及硬化土运出,回填耕作土,对场地内农田种植影响较小。

钻孔泥浆根据当地土质情况和钻孔要求配制,初期用水由二河抽取,开钻后使用沉淀池的浆水,循环使用,浆水不外排。泥浆由泥浆泵抽取送入钻机,钻孔泥浆根据孔位现挖排浆沟排入沉淀池。由于本工程安排在非汛期施工,对二河河道淤积、行洪安全及水质影响较小。

G1、G4 塔位于二河东堤背水侧堤脚外,基础边缘与堤脚距离较远,对堤防安全基本无影响;G2、G3 塔所在断面的二河东堤背水侧地面高程一般在 16.5 m 左右,高于临水侧防洪设计水位及校核水位,不存在洪水期背水侧堤坡出逸的渗流及渗透稳定问题,抗滑稳定计算也表明,在自然状态下、施工期、建成运行期,堤防稳定均满足规范要求。

工程完工后,清理场地。运出一切垃圾杂物,填平沉淀池与泥浆池,预留回填耕作土的深度,拆除临时厕所,运出污物,铲除施工场地表层沙石及硬化土运出,回填耕作土。工程全部完工后报水利部门验收,并与当地村组村民交接。由于本建设项目不在主汛期施工,铁塔和电线的架设不会影响现有水利工程的运行。

为了将工程施工产生的影响降低到最小，要求业主和施工单位做到以下几个方面：

（1）履行报批手续。在主体工程施工前，必须向水行政主管部门履行报批手续，以审查工期安排和施工方案的合理性，并就万一损坏农桥等问题与相关部门订立赔偿协议。

（2）施工时应与二河河道管理部门加强联系，服从水利部门安排。

（3）及时清理障碍物。在汛期来临前清理河道施工区内的一切临时性建筑物、施工器材等，对施工过程中产生的弃土、弃渣等废弃垃圾，运至河道外堆放，确保防洪通道畅通，尽量避免工程施工对泄洪造成影响。

9.9 防治及补救措施

1. 铁塔基础滩地防护设计

为确保桩体的安全，防止局部冲刷对桩体的淘刷，G2、G3 铁塔的桩基础周围的滩地宜采用浆砌石进行防护，防护范围为距铁塔中心直径 20 m 的区域，底部采用 10 cm 砂石垫层，30 cm 浆砌块石，周围加砼齿坎，深 0.7 m，宽 0.5 m。防护顶高平滩地。浆砌石平河滩护砌示意图见图 9.9-1。

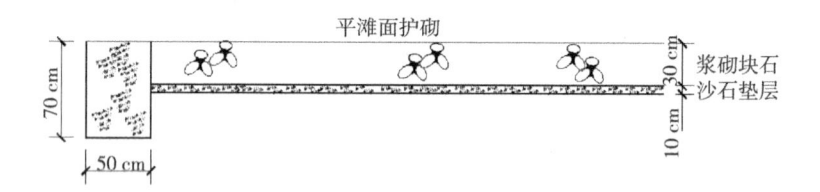

图 9.9-1　河道内铁塔基础平河滩护砌结构示意

2. 由于 G2、G3 塔距离二河东堤临水侧堤坡较近，为确保堤坡安全，防止水位壅高时水流对坡面的淘刷，对 G2、G3 铁塔附近的临水侧堤坡宜采用浆砌石进行防护，防护范围为自铁塔中心对应桩号分别向上、下游护砌 30 m，护坡底部采用 10 cm 砂石垫层，上部采用 30 cm 浆砌块石。

3. 施工时要严格控制灌注桩钻孔泥浆，使其不进入河道。

4. 工程在施工时必然产生一定的建筑垃圾，施工方应及时清理运出，严禁建筑垃圾进入河道，业主单位应加强管理，并接受水利部门的监督。

9.10 结论与建议

9.10.1 结论

根据分析、计算，建设项目对各方面影响的评价结论如下：

1. 新御-淮宝 220 kV 输电线路跨二河段改造工程的建设符合淮河流域防洪规划和江水北调规划的总体要求，工程建设符合有关水利规划及航道规划的总体要求，对南水北调东线工程的实施不会产生不利影响。

2. 本项目线路建设符合分淮入沂防洪标准，线路与堤防、通航西偏泓、设计洪水位之间的净空高度，满足规范要求，对行洪、送水、通航和输电线路的安全没有影响。

3. 项目新建 G1 至 G4 塔均位于淮阴二站管理范围外，不影响淮阴二站工程的运行管理及后期建设发展，符合工程建设目标。

4. 本项目线路工程跨越二河时，滩地内架设铁塔 2 座，设计行洪流量时漫滩，铁塔基础将引起局部水位壅高，壅水范围很小，塔基壅水对二河行洪无明显影响，对二河河势基本没有影响。塔基壅水时，塔位附近将产生局部冲刷，附近临水侧堤坡也可能发生局部淘刷，建议对塔位四周滩地及堤坡进行护砌。

5. 本项目拟建 G1、G4 塔布设在二河东堤外侧，基础边缘与堤脚距离较远，对堤防安全基本无影响；G2、G3 塔基础边缘与堤脚距离较近，所在断面的二河东堤背水侧为淮阴二站管理用地，地形较高，地面高程一般在 16～16.5 m 左右，高于临水侧防洪设计水位及校核水位，不存在洪水期背水侧堤坡出逸的渗流及渗透稳定问题，抗滑稳定计算也表明，在自然状态下、施工期、建成运行期，堤防稳定均满足规范要求。

6. 本项目线路导线在防汛道路上方跨越，满足规范和防汛通道要求，施工期间主要在汛期结束后，分淮入沂漫滩行洪概率很低，送电线路运行和施工期间不影响防汛通道的安全以及防汛抢险车辆、物资及人员的正常通行。

7. 本项目线路附近没有取水口、排水口门以及码头等建筑物，项目建设不会影响第三人合法水事权益。施工期间，需在滩地上布置施工场地、设置临时道路，将对场地灌排水系有影响。工程完工后，铲除施工场地表层沙石及硬化土运出,回填耕作土,对场地内农田种植影响较小。

9.10.2 建议

1. 施工期间可能对堤顶交通和管理带来不便。建议建设单位与河道管理部门协商,就影响段的堤防管理、维护等事宜达成一致意见。凡是施工对防洪工程有影响的地方,汛前要及时修复,施工废弃物等不能入河,工程完成后,对周围环境进行修复。

2. 建设单位必须在规定时间内完成全部工程项目,包括清理河道及滩地施工区一切临时性建筑物、施工器材,拆除围堰等,以达到河道原有防洪标准,尽量避免工程施工对泄洪造成影响。

3. 当汛期高水行洪时,管理部门应及时巡查,并做好定期维护,确保铁塔安全。

4. 根据局部冲刷深度计算成果,建议设计单位对 G2、G3 铁塔的桩基础周围滩地及附近临水侧堤坡进行防护,以确保铁塔的安全。

5. 为确保拟建线路段施工安全,建设单位应配合水利部门做好相关工作。

10

防洪评价中一些常见
用图案例和附件

10.1 项目地理位置图

图 10.1-1 所示为某工程区遥感影像图。图 10.1-2 所示为某工程区平面布置图。

图 10.1-1 工程区遥感影像图案例

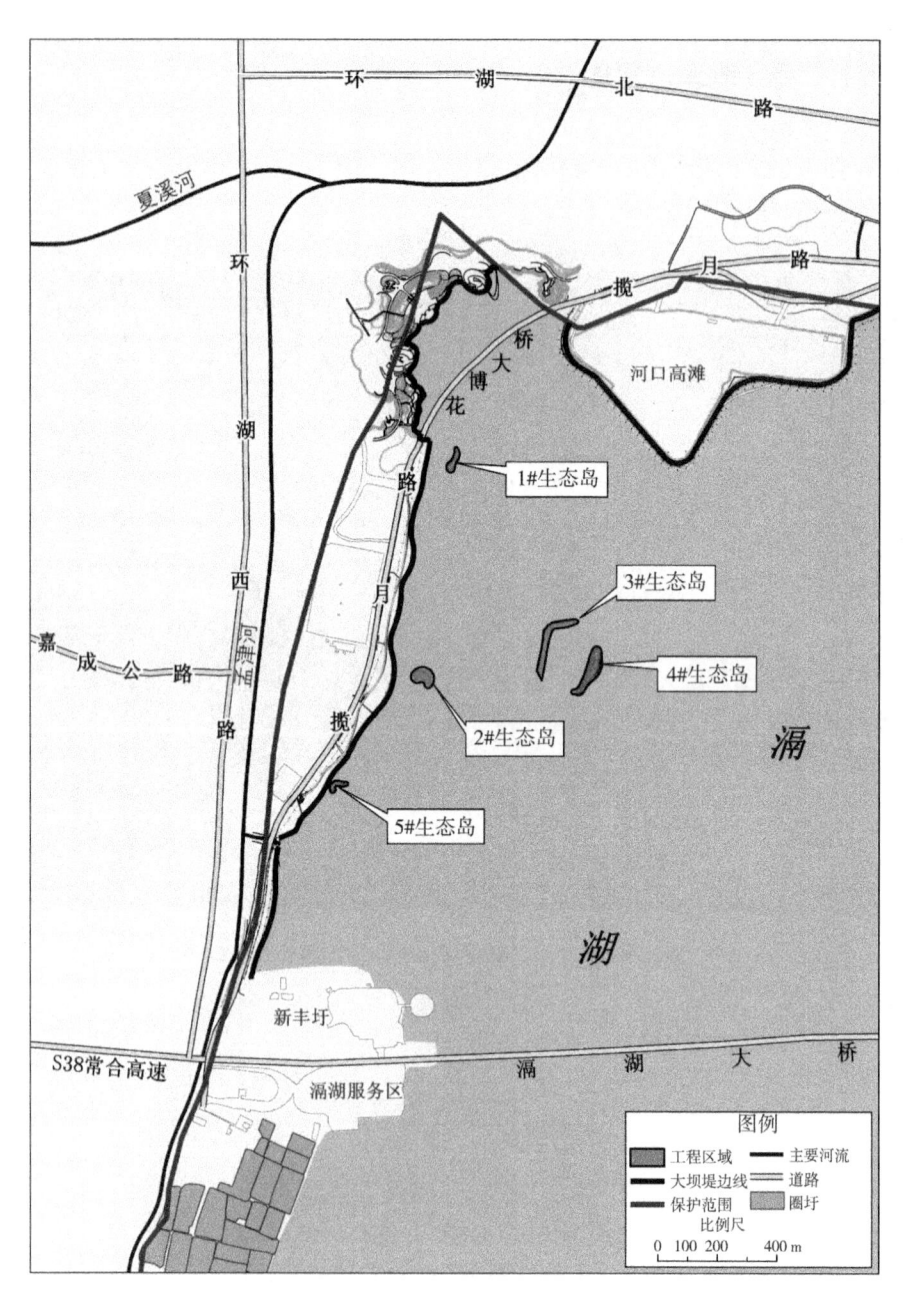

图 10.1-2　工程区平面布置图案例

10.2　项目区水下地形图、周边水利工程分布图和地质剖面图

图 10.2-1 所示为某工程区水下地形图。图 10.2-2 所示为某工程区周边水利工程分布图。图 10.2-3 所示为某工程区地质剖面图。

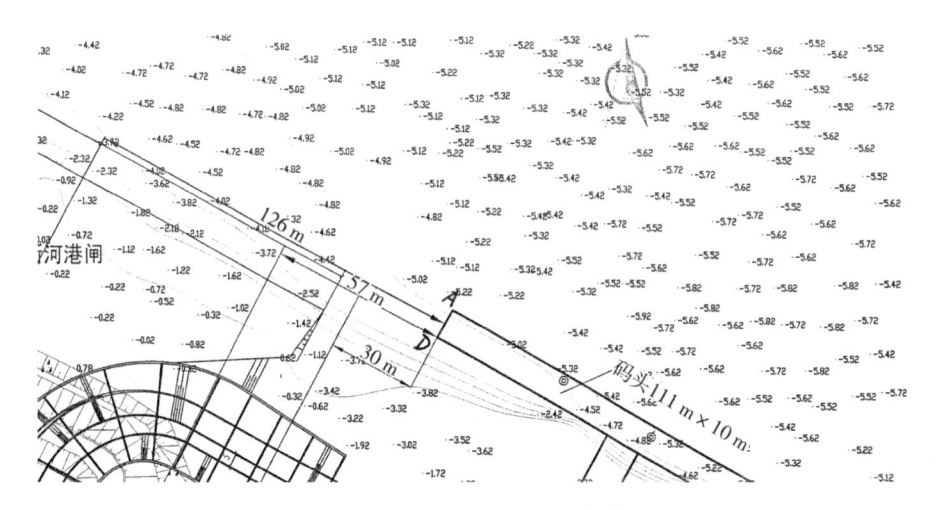

图 10.2-1　工程区水下地形图案例

图 10.2-2　工程区周边水利工程分布图案例

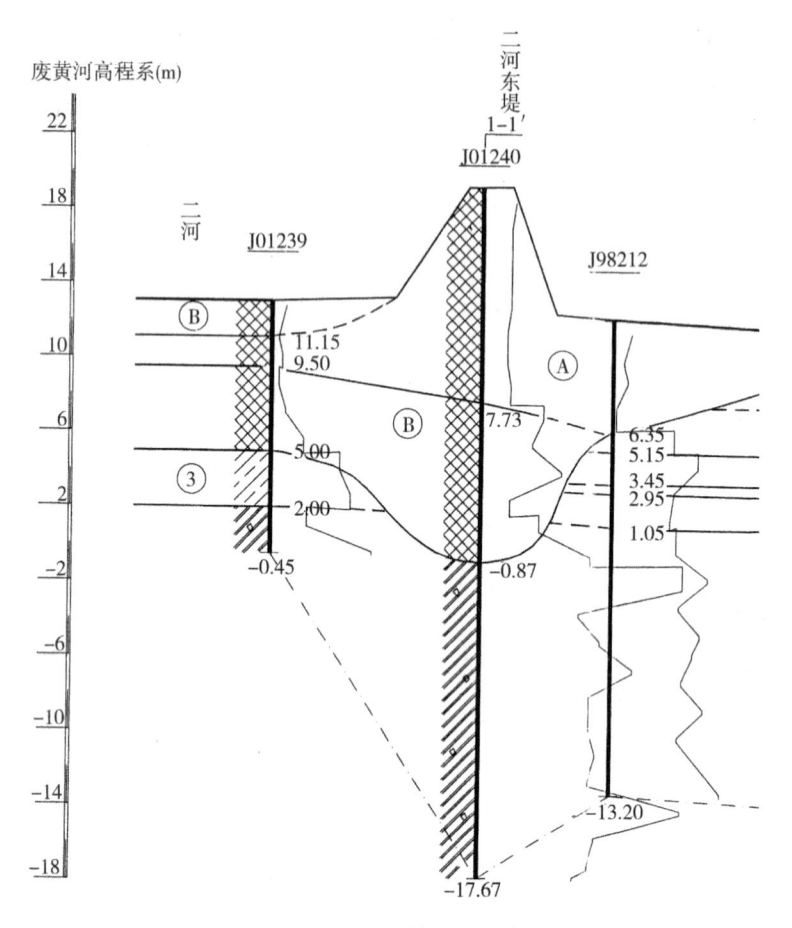

图 10.2-3　工程区地质剖面图案例

10.3　项目区周边水系分布图和河势演变图

图 10.3-1 所示为某工程区周边水系分布图。图 10.3-2 所示为某工程区河势演变图。

10 防洪评价中一些常见用图案例和附件

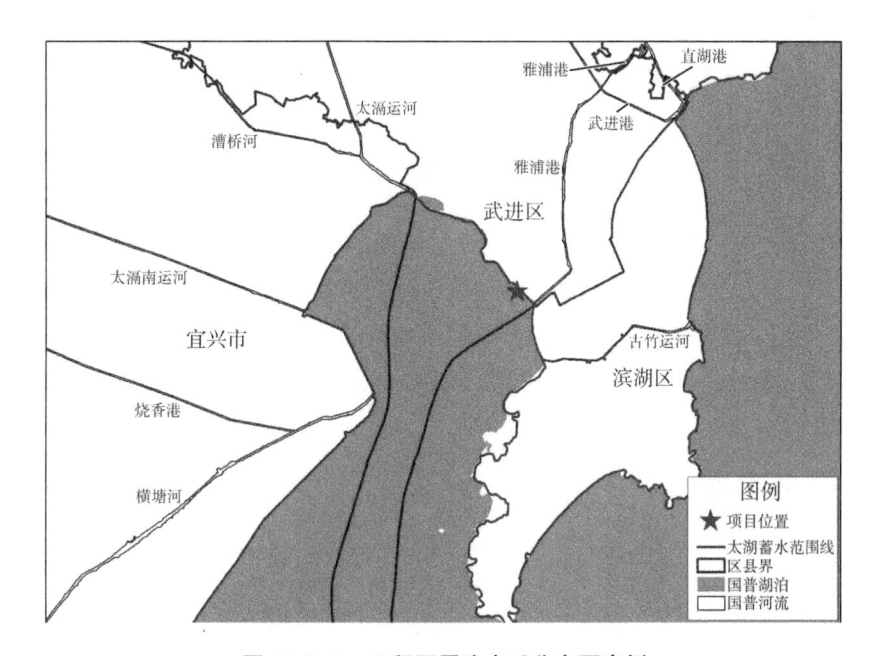

图 10.3-1 工程区周边水系分布图案例

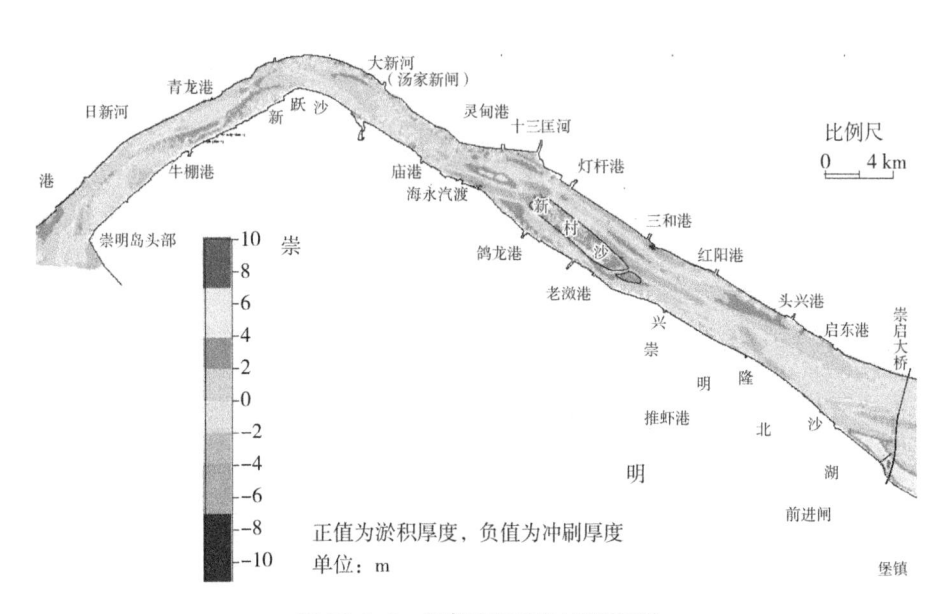

图 10.3-2 河势变化图(冲淤)案例

10.4 项目设计相关平面和立面图

图 10.4-1 所示为某工程区平面设计图和立面设计图。

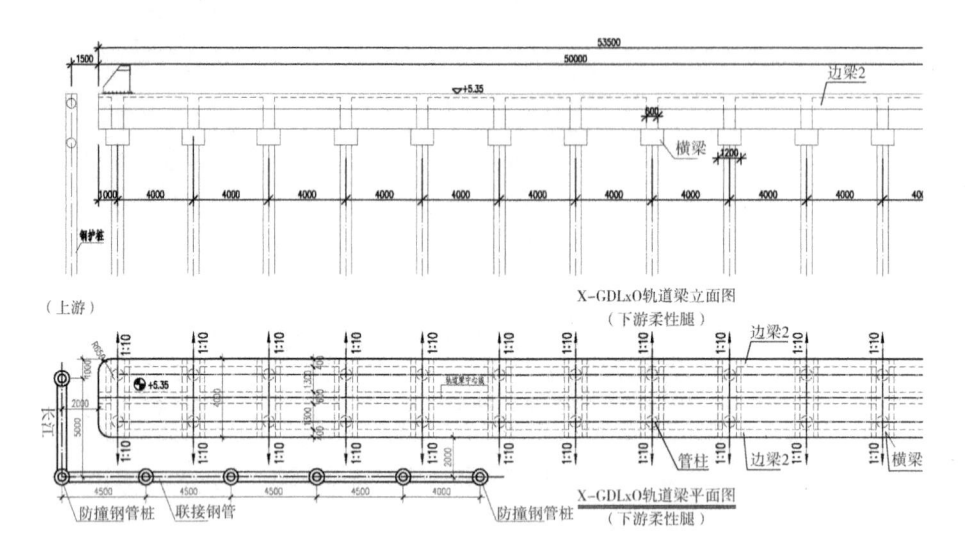

图 10.4-1 工程区平面设计图和立面设计图案例(单位:mm)

10.5　防洪评价专家评审意见

图 10.5-1 所示为某工程防洪评价专家评审意见。

<h1 style="text-align:center">滆湖退田（渔）还湖一期工程生态岛
防洪评价报告专家评审意见</h1>

2013 年 7 月 30 日，江苏省水利厅工管处在南京主持召开了《滆湖退田（渔）还湖一期工程生态岛防洪评价报告》（以下简称《报告》）专家评审会。参加会议的有：省水利厅科技委、政法处、规计处、省防汛防旱指挥部办公室、省水政监察总队、省水利科学研究院、省太湖地区水利工程管理处、常州市水利局、常州市河道湖泊管理处、武进区水务局、常州西太湖科技产业园管理委员会等单位的专家和代表共 24 名。会议组成了专家组（名单附后），听取了报告编制单位江苏省水利科学研究院关于《报告》的汇报，经认真讨论和审议，形成主要评审意见如下：

一、项目基本情况

滆湖退田（渔）还湖一期工程堆筑的生态岛位于滆湖沿江高速以北西侧，5 个生态岛沿滆湖西岸由北向南布置。在滆湖正常蓄水位 3.20 米（吴淞高程，下同）时，5 个生态岛面积合计 18543m^2（27.8 亩），当滆湖水位涨至设计洪水位 5.43 米时，4#岛面积为 491m^2（0.74 亩），其余 4 个岛被淹没。

生态岛工程利用滆湖退田（渔）还湖一期工程中的清退土方堆筑，采用干法施工，土方堆筑采用 1:6 自然放坡，填筑土方量共 5.64 万 m^3。建成后的生态岛仅作为生态、景观用途，不建设码头等基础设施和商业开发设施，岛上种植水杉、池杉、垂柳等景观植被。

二、总体评价

《报告》所采用的基础资料较丰富，技术路线正确，评价内容较全面，符合《河道管理范围内建设项目防洪评价导则（试行）》要求。

三、防洪评价

《报告》依据工程湖区的水文、地质等基础资料，就工程建设对滆湖影响进行了分析，基本同意《报告》的结论意见。

四、建议

1、补充完善项目与《太湖流域防洪规划》《滆湖保护规划》等相关规划适应性分析。

2、完善库容补偿计算。

3、明确生态岛的管理责任主体，落实安全、水土保持等管理措施。

根据与会专家意见对《报告》作进一步修改完善。

图 10.5-1　防洪评价专家评审意见案例